轨道交通装备制造业职业技能鉴定指导丛书

数控冲床操作工

中国北车股份有限公司　编写

中国铁道出版社

2015年·北　京

图书在版编目(CIP)数据

数控冲床操作工/中国北车股份有限公司编写．—北京：中国铁道出版社，2015.3
(轨道交通装备制造业职业技能鉴定指导丛书)
ISBN 978-7-113-19321-8

Ⅰ.①数… Ⅱ.①中… Ⅲ.①数控机床—机械压力机—操作—职业技能—鉴定—教材 Ⅳ.①TG315.5

中国版本图书馆 CIP 数据核字(2014)第 228794 号

书　　名：轨道交通装备制造业职业技能鉴定指导丛书
数控冲床操作工
作　　者：中国北车股份有限公司

策　　划：江新锡　钱士明　徐　艳
责任编辑：冯海燕　　**编辑部电话**：010-51873371
封面设计：郑春鹏
责任校对：龚长江
责任印制：郭向伟

出版发行：中国铁道出版社(100054，北京市西城区右安门西街 8 号)
网　　址：http://www.tdpress.com
印　　刷：河北新华第二印刷有限责任公司
版　　次：2015 年 3 月第 1 版　2015 年 3 月第 1 次印刷
开　　本：787 mm×1 092 mm　1/16　印张：8.5　字数：211 千
书　　号：ISBN 978-7-113-19321-8
定　　价：28.00 元

中国北车职业技能鉴定教材修订、开发编审委员会

序

在党中央、国务院的正确决策和大力支持下，中国高铁事业迅猛发展。中国已成为全球高铁技术最全、集成能力最强、运营里程最长、运行速度最高的国家。高铁已成为中国外交的新名片，成为中国高端装备“走出国门”的排头兵。

中国北车作为高铁事业的积极参与者和主要推动者，在大力推动产品、技术创新的同时，始终站在人才队伍建设的重要战略高度，把高技能人才作为创新资源的重要组成部分，不断加大培养力度。广大技术工人立足本职岗位，用自己的聪明才智，为中国高铁事业的创新、发展做出了重要贡献，被李克强同志亲切地赞誉为“中国第一代高铁工人”。如今在这支近5万人的队伍中，持证率已超过96%，高技能人才占比已超过60%，3人荣获“中华技能大奖”，24人荣获国务院“政府特殊津贴”，44人荣获“全国技术能手”称号。

高技能人才队伍的发展，得益于国家的政策环境，得益于企业的发展，也得益于扎实的基础工作。自2002年起，中国北车作为国家首批职业技能鉴定试点企业，积极开展工作，编制鉴定教材，在构建企业技能人才评价体系、推动企业高技能人才队伍建设方面取得明显成效。为适应国家职业技能鉴定工作的不断深入，以及中国高端装备制造技术的快速发展，我们又组织修订、开发了覆盖所有职业(工种)的新教材。

在这次教材修订、开发中，编者们基于对多年鉴定工作规律的认识，提出了“核心技能要素”等概念，创造性地开发了《职业技能鉴定技能操作考核框架》。该《框架》作为技能人才评价的新标尺，填补了以往鉴定实操考试中缺乏命题水平评估标准的空白，很好地统一了不同鉴定机构的鉴定标准，大大提高了职业技能鉴定的公信力，具有广泛的适用性。

相信《轨道交通装备制造业职业技能鉴定指导丛书》的出版发行，对于促进我国职业技能鉴定工作的发展，对于推动高技能人才队伍的建设，对于振兴中国高端装备制造业，必将发挥积极的作用。

中国北车股份有限公司总裁：

2015.2.7

前　言

鉴定教材是职业技能鉴定工作的重要基础。2002年，经原劳动保障部批准，中国北车成为国家职业技能鉴定首批试点中央企业，开始全面开展职业技能鉴定工作。2003年，根据《国家职业标准》要求，并结合自身实际，组织开发了《职业技能鉴定指导丛书》，共涉及车工等52个职业（工种）的初、中、高3个等级。多年来，这些教材为不断提升技能人才素质、适应企业转型升级、实施"三步走"发展战略的需要发挥了重要作用。

随着企业的快速发展和国家职业技能鉴定工作的不断深入，特别是以高速动车组为代表的世界一流产品制造技术的快步发展，现有的职业技能鉴定教材在内容、标准等诸多方面，已明显不适应企业构建新型技能人才评价体系的要求。为此，公司决定修订、开发《轨道交通装备制造业职业技能鉴定指导丛书》（以下简称《丛书》）。

本《丛书》的修订、开发，始终围绕促进实现中国北车"三步走"发展战略、打造世界一流企业的目标，努力遵循"执行国家标准与体现企业实际需要相结合、继承和发展相结合、坚持质量第一、坚持岗位个性服从于职业共性"四项工作原则，以提高中国北车技术工人队伍整体素质为目的，以主要和关键技术职业为重点，依据《国家职业标准》对知识、技能的各项要求，力求通过自主开发、借鉴吸收、创新发展，进一步推动企业职业技能鉴定教材建设，确保职业技能鉴定工作更好地满足企业发展对高技能人才队伍建设工作的迫切需要。

本《丛书》修订、开发中，认真总结和梳理了过去12年企业鉴定工作的经验以及对鉴定工作规律的认识，本着"紧密结合企业工作实际，完整贯彻落实《国家职业标准》，切实提高职业技能鉴定工作质量"的基本理念，在技能操作考核方面提出了"核心技能要素"和"完整落实《国家职业标准》"两个概念，并探索、开发出了中国北车《职业技能鉴定技能操作考核框架》；对于暂无《国家职业标准》、又无相关行业职业标准的40个职业，按照国家有关《技术规程》开发了《中国北车职业标准》。经2014年技师、高级技师技能鉴定实作考试中27个职业的试用表明：该《框架》既完整反映了《国家职业标准》对理论和技能两方面的要求，又适应了企业生产和技术工人队伍建设的需要，突破了以往技能鉴定实作考核中试卷的难度与完整性评估的"瓶颈"，统一了不同产品、不同技术含量企业的鉴定标准，提高了鉴定考核的技术含量，保证了职业技能鉴定的公平性，提高了职业技能鉴定工作质量和管理水平，将成为职业技能鉴定工作、进而成为生产操作者技能素质评价的新标尺。

本《丛书》共涉及98个职业（工种），覆盖了中国北车开展职业技能鉴定的所有职业（工种）。《丛书》中每一职业（工种）又分为初、中、高3个技能等级，并按职业技能鉴定理论、技能考试的内容和形式编写。其中：理论知识部分包括知识要求练习题与答案；技能操作部分包括《技能考核框架》和《样题与分析》。本《丛书》按职业（工种）分册，并计划第一批出版74个职业（工种）。

本《丛书》在修订、开发中，仍侧重于相关理论知识和技能要求的应知应会，若要更全面、系统地掌握《国家职业标准》规定的理论与技能要求，还可参考其他相关教材。

本《丛书》在修订、开发中得到了所属企业各级领导、技术专家、技能专家和培训、鉴定工作人员的大力支持；人力资源和社会保障部职业能力建设司和职业技能鉴定中心、中国铁道出版社等有关部门也给予了热情关怀和帮助，我们在此一并表示衷心感谢。

本《丛书》之《数控冲床操作工》由长春轨道客车股份有限公司《数控冲床操作工》项目组编写。主编孙续国，副主编王俊元；主审关中信，副主审顾衍春、梁继业；参编人员吕浩源、宋连芹、赵亚夫、王景春、韩锋。

由于时间及水平所限，本《丛书》难免有错、漏之处，敬请读者批评指正。

中国北车职业技能鉴定教材修订、开发编审委员会

二〇一四年十二月二十二日

目　录

数控冲床操作工(职业道德)习题

一、填 空 题

1. 职业道德不仅仅是从事某个职业的要求,也是为人处世的基本原则,是个体(　　)的体现。

2. 社会主义信念是政治思想素质的(　　)。

3. 塑造企业形象的过程实质上是处理企业与(　　)关系的过程。

4. 股份有限公司创立大会应有代表股份总额(　　)以上入股人出席。

5. 法律规定职工每日工作 8 h,每周工作 40 h,属于(　　)时间。

6. 按照劳动者与用人单位关系划分,劳动法律关系可分为(本单位)劳动法律关系和(　　)劳动法律关系。

7.《劳动法》规定,从事特种作业的劳动者必须经过(　　)并取得特种作业资格。

8. 劳动者作为劳动法律关系主体必须具备劳动权利能力和(　　)能力。

9. 当事人依法享有自愿订立合同的权利,任何单位和个人不得非法干预,属于合同(　　)原则。

10. 产生环境污染和其他公害的单位,必须把环境保护工作纳入计划,建立(　　)制度。

11. 国家制定的环境保护规划必须纳入国民经济和社会发展计划,国家采取有利于环境保护的经济、技术政策和措施,使环境保护工作同经济建设和(　　)相协调。

12. 因工作需要携带涉密载体外出,要经(　　)批准;禁止携带绝密级涉密载体参加涉外活动。

13. 违章分为四类:作业性违章、装置性违章、指挥性违章、(　　)。

14. 在起吊重物时,其绳索间的夹角一般不大于(　　)。

15. 使用风镐、砂轮机、角磨机、无齿锯、坡口机、凿子等工具操作者必须戴(　　)。

16. 我国的安全生产基本方针是:“(　　)、预防为主”。

17. 禁止在具有火灾、爆炸的危险场所使用明火,因特殊情况需要使用明火作业,应当按规定办理(　　),并落实安全防范措施。

18. 在企业文化的保证体系中,(　　)保证是基础保证。

19. 股份有限公司股东大会由(　　)组成。股东大会是公司的权利机构,依照《公司法》行使职权。

20. 公司可以向其他有限责任公司、股份有限公司投资,除国务院规定的投资公司和控股公司外,所累计投资额不得超过本公司净资产的(　　)。

21. 我国《劳动法》规定,工资水平在(　　)的基础上逐步提高,国家对工资总额实行宏观调控。

22. 职业介绍所是指依法设立的,从事职业介绍工作的(　　)机构。

23. 合同权利义务的终止是指合同的(　　)。

24. 依据环境功能的不同进行划分,分为生活环境和(　　)环境。

25. 环境保护法,是指调整因保护和改善环境、(　　)自然资源防治污染和其他公害而产生的社会关系的法律规范的总称。

26. 各机关、单位确定密级、变更密级或者决定解密,应当由(　　)提出具体意见交本机关、单位的主管领导审核批准。

27. 涉密人员是指掌握、知悉和(　　)国家秘密的人员。

28. 具有国家秘密内容的会议和其他活动,主办单位应当采取(　　),并对参加人员进行保密教育,规定具体要求。

29. 国家秘密是关系国家的(　　),依照法定程序确定,在一定时间内只限一定范围的人员知悉的事项。

30. 责任事故是指由于工作人员的(　　)和渎职行为而造成的事故。

31. 安全生产管理是实现安全生产的重要(　　)。

32. 国家对严重危及施工安全的工装、设备、材料实施(　　)制度。

33. 爆炸是物质由一种状态迅速转变为另一种状态,并在瞬间以机械能的形式放出巨大(　　)的现象。

34. 企业的主要负责人是指直接参与企业经营管理的最高管理者,是指对企业生产经营和(　　)负全面责任、有生产经营决策权的人员。

二、单项选择题

1. 孔子说:"不学礼,无以立"。这句话体现了中华民族传统美德中(　　)的美德。

(A)推崇"仁爱"原则,追求人际和谐

(B)讲求谦敬礼让,强调克骄防矜

(C)倡导言行一致,强调恪守诚信

(D)追求精神境界,把道德理想的实现看做是一种高层次需求

2. 以德治国与以法治国相结合是我国的基本(　　)。

(A)方针　　(B)政策　　(C)治国方略　　(D)法律前提

3. 属于企业文化外传播通道是(　　)。

(A)示范传播　　(B)企业神话

(C)企业考核制度　　(D)习俗、仪式以及小团体文化传播

4. 为企业生存与发展提供精神支柱的是(　　)。

(A)企业精神　　(B)企业伦理道德观　　(C)企业价值观　　(D)企业形象

5. 下列哪项事项发生变动只需向原登记机关备案即可(　　)。

(A)公司住所　　(B)公司法人代表　　(C)公司董事、监事　　(D)公司股东

6. 能够产生劳动法律关系的法律事实(　　)。

(A)只能是主体双方的合法行为

(B)只能是主体双方的违法行为

(C)可以是主体双方的合法行为,也可以是主体双方的违法行为

(D)事件

7. 依据《劳动法》规定，劳动合同可以约定试用期。试用期最长不超过(　　)。

(A)12 个月　　(B)10 个月　　(C)6 个月　　(D) 3 个月

8. 甲乙双方签订了一份买卖走私香烟的合同，该合同为(　　)。

(A)有效合同　　(B)无效合同　　(C)可撤销合同　　(D)效力待定合同

9. 合同终止以后当事人应当遵循保密和忠实等义务，此种义务在学术上称为后契约义务。此种义务的依据是(　　)。

(A)自愿原则　　(B)合法原则　　(C)诚实信用原则　　(D)协商原则

10.《环境保护法》关于环境保护的基本原则中，预防为主的原则，就是(　　)的原则。

(A)谁开发，谁保护　　(B)防患于未然

(C)谁开发，谁预防　　(D)谁预防，谁受益

11. 领导要尊重、关心下属，为下属做出表率；下属应当尊敬、维护领导，(　　)执行上级指令。

(A)完全　　(B)无条件　　(C)有效　　(D)重点

12. 对于岗位变动，下列行为正确的是(　　)。

(A)以自己专业不符为由，拒绝服从岗位变动

(B)顾全大局，服从安排

(C)不服从调遣

(D)以不熟悉该岗位业务为由，不服从调遣

13. 只有公司发展了，才能带动员工发展，因此明智的员工都有这样的意识，(　　)，这也就实现了双赢。

(A)公司和个人同赢　　(B)公司先赢，个人后赢

(C)个人先赢，公司后赢　　(D)公司与个人共赢

14. 政治思想素质的核心是(　　)。

(A)科学发展　　(B)"三个代表"重要思想

(C)马克思主义基本理论　　(D)邓小平理论

15. 企业先进文化的代表是企业的(　　)。

(A)企业的员工　　(B)企业家　　(C)企业的楷模　　(D)企业的管理者

16. 传统管理重过程，企业文化重(　　)。

(A)物质管理　　(B)目标　　(C)绩效　　(D)精神管理

17. 现代企业只有争取公众舆论的理解和支持，优化企业的生存发展环境，才能求得更好的生存与发展。企业在开展公关活动中树立起来的形象就是(　　)，它是树立企业形象的媒介和手段。

(A)公共关系形象　　(B)产品形象　　(C)服务形象　　(D)经营管理形象

18.《公司法》中董事会不能履行或者不履行召集股东大会会议职责的，(　　)应当及时召集和主持。

(A)董事长　　(B)全体股东　　(C)法定代表人　　(D)监事会

19. 股份有限公司最少由(　　)股东请求时可召开临时股东会。

(A)持有公司股份 10%以上的　　(B)持有公司股份 1/5 以上的

(C)代表 1/4 以上表决权的　　(D)代表 1/3 以上表决权的

20. 股份有限公司的成立之日为(　　)。

(A)创立大会在法定期间内的召开之日

(B)国务院授权的部门或者省级人民政府批准的之日

(C)公司取得营业执照之日

(D)公司正式向社会公告之日

21. 能够认定劳动合同无效的机构是(　　)。

(A)各级人民政府　　(B)工商行政管理部门

(C)各级劳动行政部门　　(D)劳动争议仲裁委员会

22. 下列合同中能够依法变更的是(　　)。

(A)已被人民法院确认无效的合同　　(B)因重大误解已被当事人撤销的合同

(C)追认权人拒绝追认的效力未定合同　　(D)依法生效的合同

23. 某企业在其格式劳动合同中约定:员工在雇佣工作期间的伤残、患病、死亡,企业概不负责。如果员工已在该合同上签字,该合同条款(　　)。

(A)无效

(B)是当事人真实意思的表示,对当事人双方有效

(C)不一定有效

(D)只对一方当事人有效

24. 国家秘密及其密级的具体范围,由国家保密行政管理部门分别会同外交、公安、国家安全和(　　)规定。

(A)其他有关部门　　(B)其他中央有关机关

(C)国务院其他有关部门　　(D)事业单位

25. 属于国家秘密的文件、资料和其他物品,由确定密级的(　　)标明密级。

(A)办公室　　(B)主要承办人　　(C)机关、单位　　(D)领导

26. 中央国家机关在其职权范围内,(　　)本系统的保密工作。

(A)监督或管理　　(B)主管或指导　　(C)检查或督促　　(D)践行或规范

27. 企业基于对员工的(　　)而将工作职责赋予员工行使。

(A)绝对信任　　(B)熟悉程度　　(C)职业信任　　(D)密切程度

28. 员工岗位变动或调离时要按规定(　　)。

(A)简单交接工作　　(B)妥善交接工作　　(C)部分交接工作　　(D)临时交接工作

29. 重大人身事故指一次事故死亡(　　)人及以上,或一次事故死亡与重伤 10 人及以上者。

(A)1　　(B)2　　(C)3　　(D)5

30. 钢丝绳中有断股者应(　　)。

(A)报废　　(B)截除　　(C)缠绕　　(D)不用处理

31. 单人抢救伤员时,胸外按压与吹气次数为(　　)。

(A)5∶1　　(B)2∶15　　(C)15∶2　　(D)1∶5

三、多项选择题

1. 在五千年的历史中,中华民族形成了以爱国主义为核心的(　　)的伟大民族精神。

(A)团结统一　(B)爱好和平　(C)勤劳勇敢　(D)自强不息

2. 提升员工素质主要有三方面：(　　)。

(A)文明素质　(B)基本素质　(C)政治素质　(D)专业素质

3. 企业伦理道德是通过(　　)等方面来体现的。

(A)企业主体的品德　(B)企业的服务行为

(C)企业外面的人际关系　(D)企业经营的客体

4. 依照《公司法》规定，公司章程对(　　)具有约束力。

(A)公司　(B)股东　(C)董事和经理　(D)监事

5. 根据《中华人民共和国公司法》的规定，股份有限公司发生下列情形时，应当召开临时股东大会的有(　　)。

(A)董事人数不足公司章程所定人数的 1/2 时

(B)公司未弥补的亏损达到股本总额的 1/3 时

(C)持有公司股份 5%的股东请求时

(D)监事会提议召开时

6. 缩短工作日主要适用于(　　)工作。

(A)有毒有害　(B)条件艰苦

(C)过度紧张　(D)特别繁重体力劳动

7. 我国《劳动法》规定，新建、改建、扩建工程的劳动安全设施必须与主体工程(　　)。

(A)同时设计　(B)同时施工

(C)同时验收　(D)同时投入生产和使用

8. 我国职业技能考核依据的标准有(　　)。

(A)《国家职业技能标准》　(B)《工人技术等级标准》

(C)《技师考评标准》　(D)企业内部的岗位规范

9. 在以下社会保险中，职工个人需要交纳保险费的是(　　)。

(A)养老保险　(B)工伤保险　(C)医疗保险　(D)生育保险

10. 我国的环境标准体系主要是由(　　)两级构成。

(A)地方环境标准　(B)环境样品标准

(C)国家环境标准　(D)污染物排放标准

11. 涉密网络及其计算机终端，严禁使用含有无线互联网功能(　　)等设备。

(A)无线网卡　(B)无线鼠标　(C)无线键盘　(D)蓝牙

12. 涉密人员、秘密载体管理人员离岗、离职前，应当(　　)。

(A)将所保管的涉密载体全部销毁

(B)将所保管的秘密载体全部清退

(C)办理移交手续

(D)作为自己的劳动成果个人留存一份

13. 当工作中意见不一致时，以下态度正确的是(　　)。

(A)积极讨论，求同存异　(B)保留意见

(C)对持不同意见的同事，怀恨在心　(D)报告主管决定

14. 当发现同事在工作中存在违规行为时，不正确的做法是(　　)。

(A)做老好人,不吭声　(B)事不关己,高高挂起
(C)帮助同事掩饰错误行为　(D)指出错误,并向上级报告

15. 下面防止火灾基本方法有(　　)。
(A)控制可燃物　(B)隔绝空气
(C)消除着火源　(D)阻止火势及爆炸波的蔓延

16. 触电的急救原则是(　　)。
(A)迅速　(B)准确　(C)就地　(D)坚持

17. 常用的灭火方法有(　　)。
(A)隔离灭火法　(B)窒息灭火法　(C)冷却灭火法　(D)抑制灭火法

18. 素质的类别主要有三类:(　　)。
(A)身体素质　(B)心理素质　(C)养成素质　(D)文化素质

19. 企业文化作为一种完整的体系包括(　　)。
(A)企业整体价值观念　(B)企业精神
(C)企业伦理道德规范　(D)企业风貌与形象

20. 股份有限公司的认股人在下列哪些情形下可以抽回股本。(　　)
(A)发起人未交足股款　(B)发起人未按期召开创立大会
(C)公司未按期募足股份　(D)创立大会决议不设立公司

21. 依照《公司法》的规定,有限责任公司在下列哪些情况下可以不设监事会。(　　)
(A)公司规模较小　(B)股东人数较少　(C)国有独资公司　(D)国有控股公司

22.《公司法》对国有独资公司的组织机构的特殊规定包括(　　)。
(A)不设股东会
(B)不设监事会
(C)董事会和经理只能由国家授权投资的机构或者国家授权的部门任命
(D)公司重大事项只能由国家授权投资的机构或者国家授权的部门决定

23. 任何公司在设立时都必须具备的基本条件包括(　　)。
(A)必须有发起人　(B)必须有资本
(C)必须制定公司章程　(D)必须在登记前报经审批

24. 用人单位可以代扣劳动者工资的情况为(　　)。
(A)代扣代缴个人所得税
(B)代扣代缴应由劳动者个人负担的各项社会保险费用
(C)法院判决、裁定中要求代扣的抚养费、赡养费
(D)应债权人请求代扣欠款

25. 根据我国有关法律、法规的规定,劳动者不必缴纳的保险费有(　　)。
(A)失业保险费　(B)医疗保险费　(C)工伤保险费　(D)生育保险费

26. 根据我国法律规定,企业和职工之间属于劳动争议受理范围的争议有(　　)。
(A)因履行劳动合同的争议
(B)因企业开除、辞退违纪职工的争议
(C)因职工自动离职发生的争议
(D)因职工违反计划生育政策发生的争议

27. 下列哪些属于不授予专利权的主题。(　　)

(A)紫草可治疗感冒的特性　　(B)治疗心脏病的方法

(C)可使彩灯闪烁的电流　　(D)可喷出浓硫酸的防盗门

28. 下列社会关系中,属于《劳动法》调整的是(　　)。

(A)某公司向职工集资而发生的关系

(B)劳动者甲与劳动者乙发生的借贷关系

(C)某公司与其职工因补发津贴问题而发生的关系

(D)某民工被个体餐馆录用为服务员而发生的关系

29. 根据《工伤保险条例》的规定,职工有下列情形之一的,不得认定为工伤或视同工伤,这些情况包括(　　)。

(A)因违反治安管理死亡的　　(B)因犯罪死亡的

(C)醉酒导致死亡的　　(D)自残的

30. 根据《保密法实施办法》,以下情形应当从重给予行政处分的有(　　)。

(A)泄露国家秘密已造成损害后果的

(B)以牟取私利为目的泄露国家秘密的

(C)泄露国家秘密危害不大但次数较多或者数量较大的

(D)利用职权强制他人违反保密规定的

31. 下面(　　)原因造成的事故应从重处理。

(A)违章指挥　　(B)违章作业　　(C)违反劳动纪律　　(D)工作失误

32. 事故即时报告的内容包括(　　)。

(A)事故发生的时间、地点、单位

(B)事故发生的简要经过、伤亡人数、直接经济损失的初步估计

(C)事故发生原因的初步判断

(D)以上全不是

33. 安全标准化的实施,应体现(　　)的安全监督管理原则,通过有效方式实现信息的交流和沟通,不断提高安全意识和安全管理水平。

(A)全员　　(B)全过程　　(C)全方位　　(D)全天候

34. 安全教育的内容一般包括(　　)。

(A)安全生产思想教育　　(B)安全生产知识教育

(C)安全管理理论及方法教育　　(D)以上都不是

四、判 断 题

1. 实践证明高素质、高技能的人才队伍是企业的立足之本,而素质和技能的提高就在于在职员工的培训力度和员工自身的学习态度。(　　)

2. 集体主义观念是政治思想素质的基础。(　　)

3. 最低工资标准是由政府直接确定的,而不是劳动关系双方自愿协商的。(　　)

4. 在试用期内,劳动者可以随时通知用人单位解除劳动合同。(　　)

5. 当事人依程序订立合同,尽管意思表示不一定一致,但可形成合同条款,构成作为法律行为的合同内容。(　　)

6. 为了防止对方利用合同条款来弄虚作假，应该严格审查合同各项条款以便使合同权利义务关系规范、明确，便于履行。(　　)

7. 保护和改善生活环境和生态环境及防治环境污染和其他公害是环境保护的两个内容。(　　)

8. 使用无线通信工具不安全，会泄密；使用有线通信工具比较安全，一般不会泄密。(　　)

9. 严禁将涉密存储载体接入互联网等公共网络或者在具有无线联网功能的计算机上使用。(　　)

10. 涉密会议、活动应当按照“谁主办，谁负责”的原则，明确涉密会议、活动各方的保密管理职责。(　　)

11. 单位的笔记本电脑，员工可以带回家中供家人使用。(　　)

12. 只有上班时间我才是农行的员工，下班后，我只代表个人，与农行无关。这种观点是错误的。(　　)

13. 发生人身事故企业必须在 24 h 内用电话或传真、电报快速地报告当地劳动部门及主管部门。(　　)

14. 安全标准化的实施，是专业部门的事，与操作无关。(　　)

15. 爱国意识是政治思想素质的根本。(　　)

16. 政治思想素质是一个动态的概念，带有鲜明的时代烙印、阶级内容和一定的个性色彩。(　　)

17.《公司法》中创立大会有权对发生不可抗力或者经营条件发生重大变化直接影响公司设立的，可以做出继续设立公司的决议。(　　)

18. 劳动者违反竞业限制约定的，应当按照约定向用人单位支付赔偿金。(　　)

19. 我国《劳动法》规定最低就业年龄为 18 周岁。(　　)

20. 约定的违约金低于造成的损失的，当事人可以请求人民法院或者仲裁机构予以增加。(　　)

21. 当事人恶意串通，损害国家、集体或者第三人利益的，因此取得的财产收归国家所有。(　　)

22. 对保护和改善环境有显著成绩的单位和个人，由环保部门给予奖励。(　　)

23. 对不按国家规定缴纳超标准排污费的企业或单位由环保行政主管部门责令停业或关闭。(　　)

24. 我国在当前的经济体制下，一些大型国有企业的商业秘密和国家秘密之间存在着一定的包含和转化关系。(　　)

25. 对于上级机关或者有关保密工作部门要求继续保密的事项，在所要求的期限内可以解密。(　　)

26. 采购进口的办公设备未经严格技术检查、检测，不得在保密要害部门部位使用，但碎纸机和复印机可以例外。(　　)

27. 国家工作人员或者其他公民发现国家秘密已泄露或者可能泄露时，应当立即采取补救措施并及时报告有关机关、单位。(　　)

28. 一个人的社会地位、荣誉，从根本上说取决于自己的职业。(　　)

29. 人才流动政策与爱岗敬业是矛盾的。( )

30. 生产厂房内外的电缆,在进入控制室、电缆夹层、控制柜、开关柜等处的电缆孔洞,必须用防火材料严密封闭。( )

31. 任何人员发现有违反安全规程,并足以危及人身和设备者,应立即制止。( )

32. 工作人员接到违反安全规程的命令时,应提出意见后再执行。( )

数控冲床操作工(职业道德)答案

一、填 空 题

1. 人格	2. 根本	3. 社会	4. 1/2
5. 标准工作	6. 兼职单位	7. 专门培训	8. 劳动行为
9. 自由	10. 环境保护责任	11. 社会发展	12. 主管领导
13. 管理性违章	14. 90°	15. 眼镜	16. 安全第一
17. 动火证	18. 物质	19. 全体股东	20. 50%
21. 经济发展	22. 专门	23. 消灭	24. 生态
25. 合理利用	26. 承办人员	27. 管理	28. 保密措施
29. 安全和利益	30. 违章	31. 保证	32. 淘汰
33. 能量	34. 安全生产		

二、单项选择题

1. B	2. C	3. A	4. C	5. C	6. A	7. C	8. B	9. C
10. B	11. C	12. B	13. B	14. C	15. C	16. C	17. A	18. D
19. A	20. C	21. D	22. D	23. A	24. B	25. C	26. B	27. C
28. B	29. C	30. A	31. C					

三、多项选择题

1. ABCD	2. BCD	3. ABCD	4. ABCD	5. ABD	6. ABCD
7. ABD	8. ABCD	9. AC	10. AC	11. ABCD	12. BC
13. ABD	14. ABC	15. ABCD	16. ABCD	17. ABCD	18. ABC
19. ABCD	20. BCD	21. AB	22. AB	23. ABC	24. ABC
25. CD	26. ABC	27. BCD	28. CD	29. ABCD	30. ABCD
31. ABC	32. ABC	33. ABCD	34. ABC		

四、判 断 题

1. √	2. √	3. √	4. √	5. ×	6. √	7. √	8. ×
9. √	10. √	11. ×	12. √	13. √	14. ×	15. ×	16. √
17. ×	18. ×	19. ×	20. √	21. ×	22. ×	23. ×	24. √
25. ×	26. ×	27. √	28. ×	29. ×	30. √	31. √	32. ×

数控冲床操作工(中级工)习题

一、填 空 题

1. 机械图样分为零件图、(　　)和装配图。

2. 零件图是表达单个零件的(　　)大小和特征的图样。

3. 图样中的图形与其实物对应要素的线性尺寸之比(　　)1 的,为原值比例。

4. 图样中的图形与其实物对应要素的线性尺寸之比(　　)1 的,为缩小比例。

5. 局部视图是将零件的某一(　　)向基本投影面投射得到的视图。

6. 向视图是可以(　　)配置的视图。

7. 局部视图按(　　)视图的配置形式配置时,不需要标注符号。

8. 斜视图通常按(　　)图的配置形式配置并标注。

9. 向视图的常用表达方式是,在向视图的(　　)标注大写拉丁字母。

10. 标注角度的尺寸界线应沿(　　)引出。

11. 标注线性尺寸时,尺寸线应与所标注的线段(　　)。

12. 尺寸数字不可被任何图线所通过,否则应将该图线(　　)。

13. 在标注球面的直径或半径时,应在符号“ϕ”和“R”之前(　　)符号“S”。

14. 标注弧长时,应在尺寸数字的(　　)加注“⌒”符号。

15. 标注板类零件的(　　)时,可在尺寸数字前加注符号“t”。

16. 较长的机件沿长度方向的形状一致或按一定规律变化时,可断开后(　　)绘制。

17. 当零件所有表面具有相同的表面粗糙度要求时,其符号、代号可在图样的(　　)统一标注。

18. 在国标规定的 20 个标准公差等级中,尺寸精度要求最高的是(　　)级。

19. 配合就是公称尺寸(　　)的并且相互结合的孔和轴公差带之间的关系。

20. 基本偏差为一定的孔的公差带,与不同基本偏差的轴的公差带形成各种配合的一种制度,称为(　　)配合。

21. 形状公差是指(　　)实际要素所允许的变动全量。

22. 位置公差是指关联实际要素的(　　)对基准所允许的变动全量。

23. 数控技术,简称数控,即采用(　　)控制的方法对某一工作过程实现自动控制的技术。

24. 数控机床(　　)程度高,可以减轻操作人员劳动强度。

25. 用来精确地跟随或复现某个过程的反馈控制系统叫做(　　)又称随动系统。

26. 按控制对象和使用目的的不同,数控机床伺服系统可分为进给伺服系统、主轴伺服系统和(　　)伺服系统。

27. 伺服电动机又称执行电动机,在自动控制系统中用作(　　),把所收到的电信号转换成电动机轴上的角位移或角速度输出。

28. 交流伺服电机内部的转子是(　　)。

29. 伺服电机的精度决定于(　　)的精度(线数)。

30. 光栅尺位移传感器(简称光栅尺),是利用光栅的(　　)原理工作的测量反馈装置。

31. 能感受规定的被测量件并按照一定的规律(数学函数法则)转换成可用信号的器件或装置叫(　　),通常由敏感元件和转换元件组成。

32. 传感器是一种(　　),能感受到被测量的信息,并按一定规律变换成为电信号或其他所需形式的信息输出,以满足信息的传输、处理、存储、显示、记录和控制等要求。

33. 工控机经常会在环境比较(　　)的环境下运行,对数据的安全性要求也更高。

34. 为方便数控机床编程,对坐标轴的名称和正负方向都有统一规定,符合(　　)法则。

35. 数控机床坐标系一般选用(　　)坐标系。

36. 增大工件和刀具之间距离的方向为运动的(　　)方向。

37. 机床坐标系是最基本的坐标系,是在机床回(　　)操作完成以后建立的。

38. 工件坐标系坐标轴方向与(　　)坐标系的坐标轴方向保持一致。

39. 工件坐标系一般设定在工件的(　　)。

40. 将刀具运动位置的坐标值表示为相对于坐标原点的距离,这种坐标的表示法称之为(　　)表示法。

41. 数控机床大多数的数控系统都以(　　)指令表示使用绝对坐标编程。

42. 将刀具运动位置的坐标值表示为相对于前一位置坐标的增量,即为目标点绝对坐标值与当前点绝对坐标值的差值,这种坐标的表示法称之为(　　)表示法。

43. 机床数控系统依照一定方法确定刀具运动轨迹的过程叫(　　)。

44. 手工编程比较适合批量较大、形状简单、计算方便、轮廓由(　　)组成的零件的加工。

45. 采用(　　)编程方法效率高、可靠性大。

46. 数控程序由程序号、若干(　　)及结束指令组成。

47. 使用(　　)可以减少不必要的编程重复,从而达到减化编程的目的。

48. CNC 为(　　)的简称。

49. 数字增量插补的基本思想是用(　　)逼近曲线。

50. 与普通机床相比,数控机床加工精度(　　)。

51. 选择数控机床的精度等级应根据被加工工件关键部位(　　)的要求来确定的。

52. 辅助功能指令代码是(　　)代码。

53. 世界上第一台数控机床于(　　)年研制成功。

54. 伺服电机靠接收(　　)控制转动角度。

55. 数控系统之所以能进行复杂的轮廓加工,是因为它具有(　　)功能。

56. 碳素钢是碳的(　　)不大于 2.0%,并含有少量锰、硅、硫、磷和氧等杂质元素的铁碳合金。

57. 铸铁是碳的质量分数(　　)2.11%的铁碳合金。

58. 金属材料在静载荷作用下抵抗(　　)的性能叫做强度。

59. 硬度是指金属材料抵抗其他更硬的物体(　　)其表面的能力。

60. 塑性是指金属材料在外力作用下产生(　　)而不破坏的能力。

61. 常用布氏硬度单位 HBW 的有效测量值范围在(　　)HBW。

62. 淬火是将钢加热到临界温度以上,保温后以大于临界冷却速度的速度急速冷却,使奥氏体转变为(　　)的热处理方法。

63. 回火是将已经淬火的钢重新加热到(　　),再用一定方法冷却,从而获得不同组织和性能的热处理方法。

64. 钢板材料的表面质量是指钢板表面无明显的(　　)损伤。

65. 数控折弯机主要由机架、(　　)工作台、液压比例伺服系统、位置检测系统、数控系统和电器控制系统组成。

66. 摩擦离合器一般由启动风缸、(　　)启动盘、飞轮等组成。

67. 离合器和制动器,两者是(　　)和协调工作的关系。

68. 大中型剪板机都装有平衡装置,一般有气动平衡装置和(　　)平衡装置两种。

69. 止退垫圈是一种常用的(　　)零件。

70. 矩形螺纹可作为(　　)使用。

71. 大型压力机的连杆调整机构一般为(　　)螺纹传动或矩形螺纹传动。

72. 空间上直齿圆柱齿轮只能实现(　　)传动。

73. 油泵过滤器应定期(　　)。

74. 一个完整的液压系统是由能源部分、执行机构部分、(　　)附件部分四部分组成的。

75. 液压阀在液压系统中的作用可分为:压力控制阀;流量控制阀;(　　)控制阀。

76. 每天对机床液压系统的检查项目有:(　　)有无异常噪声,工作油面高度是否合适,压力表指示是否正常,管路及各接头有无泄漏。

77. 设备润滑的"三过滤"是指入库过滤、发放过滤、(　　)。

78. 机床原点是机床的每个移动轴(　　)的极限位置。

79. CRT 显示执行程序的移动内容,而机床不动作,说明机床处于(　　)。

80. 机床工作不正常,且发现机床参数变化不定,说明控制系统内部(　　)需要更换。

81. 直线感应同步尺和长光栅属于(　　)的位移测量元件。

82. 在机床操作面板上"S7"键一般表示(　　)。

83. 热继电器是一种(　　)元件。

84. 压力机的滑块行程是指滑块从(　　)所经过的距离。

85. 当按动操作面板[◇→]按键时机床上的所有动作(　　)。

86. 板料经冲裁后,断面上会出现圆角带,光亮带、断裂带和(　　)。

87. 工件在冲裁过程中产生曲翘或(　　)是普通冲裁件尺寸精度降低的原因之一。

88. 拉弯加工适用于长度大,相对(　　)很大的工件。

89. 拉弯模端头应(　　),便于毛料流动和防止划伤零件。

90. 拉弯模具安装,模具的顶点应位于拉伸作用筒的(　　)。

91. 安装拉弯模具时,模具的对称轴线应与(　　)轴线重合。

92. 弯曲时回弹的主要原因是由于材料(　　)所引起的。

93. 质量检查的依据有:产品图纸、(　　)国家或行业标准、有关技术文件或协议。

94. 自检是质量控制的主要形式。工序产品必须进行自检,只有(　　)的产品才能进行专检。

95. 数控机床的加工精度主要由(　　)的精度来决定。

96. 数控机床在工件加工前为了使机床达到热平衡状态,必须使机床空运转(　　)以上。

97. (　　)是弯曲成型时常见的现象。

98. 折弯成型时,需要对来料进行检查,主要检查来料的(　　)厚度及表面质量。

99. 弯曲变形只发生在弯曲件的(　　)附近。

100. TCR500R 步冲机由德国通快公司生产,其特点是液压传动(　　)。

101. TCR500R 步冲机工作台的加工范围:(　　)mm。

102. TCR500R 步冲机加工最大板材厚度:(　　)mm。

103. TCR500R 步冲机最大冲孔直径:(　　)mm。

104. TCR500R 步冲机板料(包括板厚)的不平整度应不超过(　　)mm。

105. 折弯成型时,需要对来料进行检查,操作者要检查来料的几何尺寸、厚度及(　　)。

106. 弯曲件直边的高度最小是板厚的(　　)倍。

107. 当工件弯曲半径小于最小弯曲半径时,对冷作硬化现象严重的材料可进行(　　)工序。

108. 如果折弯机操作者不止一个,那么每个操作者都应有自己的(　　)。

109. 折弯机的静止点、制动和安全点是参照(　　)来一一确定的。

110. 在国际单位制中,时间的基本单位是(　　)。

111. 确定弯曲力的因素有(　　)和模具开口宽度。

112. 拉弯加工适用于长度大,相对(　　)很大的工件。

113. 拉弯模两端要做成缺口和(　　)。

114. 拉弯模端头应倒成圆角,便于毛料流动和防止(　　)零件。

115. 当工件的弯曲半径(　　)最小弯曲半径时,对冷作硬化现象严重的材料可采用中间退火工序。

116. 成型是指用各种不同性质的局部变形来改变毛坯(　　)的各种工序。

117. 翻边底孔的断面光洁度直接影响到翻边工件的(　　)。

118. 成型工序的极限变形程度和工件的材料(　　)有关系。

119. 翻孔时,因材料主要是沿切线方向拉伸变形,主要危险是边缘被(　　)。

120. 翻边的预冲孔的加工方法主要有(　　)和冲孔。

121. 翻边时,翻边底孔边需要很(　　)。

122. 单工序模是在压力机的一次行程中,只完成(　　)冲压工序的模具。

123. 压弯模用于将平的毛坯压成(　　)件。

124. 凸模是以(　　)为工作表面,直接作用于坯料形成制件的工作零件。

125. 在模具的导向件中应用最多的是(　　)结构。

126. 冲裁模的凹模刃口高度应考虑(　　)的需要,不应太小,但也不能太大,太大则易胀裂凹模。

127. 对材料(　　)或折弯尺寸较大的折弯件,采用的折弯下模 V 形槽口尺寸应较大。

128. 根据折弯件的(　　)来选取折弯下模 V 形槽开口尺寸。

129. 折弯机模具是折弯机上用来(　　)板材的工作部分,分为上模和下模。

130. 折弯机模具按使用范围分为(　　)折弯机模具和专用折弯机模具。

131. 拉弯夹头的断面形状应符合工件的(　　)形状特点。

132. 为防止工件在翻边过程中起皱,工件需要在(　　)作用下完成翻边工序。

133. 翻孔时,采用(　　)凸模及抛物线形凸模能减小翻边力。

134. 拉弯工序主要适用于弯制窄而长、相对(　　)很大的圆弧工件。

135. 工艺过程是改变生产对象的(　　)尺寸、相对位置及性质等,使其成为成品或半成品的过程。

136. 用步冲机在大板上加工多件(　　)或不同工件的加工方式叫阵列成型。

137. 步冲机的同方向的连续冲裁可以进行加工(　　)切边等。

138. 折弯工艺的顺序对折弯件精度(　　)影响。

139. 选择合适的工艺(　　)是拉弯成形的关键。

140. 用拉弯机拉弯出符合产品要求的零件,首先应确定拉弯力和预(　　)。

141. 步冲机冲裁圆孔、方形孔、腰形孔及各种形状的曲线轮廓,可采用(　　)以步冲方式加工。

142. 采用分段凸、凹模折弯长大件时,只能选用同样(　　)的模具。

143. 折弯较长、精度要求较高的零件,最好用(　　) 凸、凹模,以减少接刀压痕。

144. 拉弯设备是专用(　　)设备。

145. 步冲机模具安装要进行方向检查,确保凸、凹模的安装方向(　　)。

146. 冲裁模安装、调整要认真仔细,应确保上、下模吻合时模具间隙(　　)。

147. 折弯机模具安装时,上、下模的中心线要(　　)。

148. 定期刃磨凸、凹模,能提高冲裁模和设备的(　　)。

149. 步冲机运转时,发现工件或模具不正,应(　　)校正,严禁运转中用手校正以防伤手。

150. 在装卸、搬运和存放过程中时,拉弯机模具的(　　)部分要注意保护,避免磕碰。

151. 正确使用、保养和维护模具,是(　　)模具使用寿命的方法之一。

152. 对于镶块式结构拉弯卡头,要经常检查镶块的(　　)是否牢靠,有无松动现象。

153. 数控程序的开始符、结束符是同一个字符,ISO 代码中是(　　),EIA 代码中是 EP。

154. 程序的主体由若干个程序段组成,一般每个程序段占(　　)行。

155. 在对零件图形进行编程计算时,必须要建立用于编程的坐标系,其坐标(　　)即为编程原点。

156. TCR500R 步冲机以(　　)方式确定加工对象和加工条件,自动进行运算和生成指令。

157. TCR500R 步冲机在执行程序前有一个回归(　　)动作。

158. 折弯机通过控制上模进入下模的(　　)就可得到不同角度或形状的工件。

159. 数控拉弯利用模具通过数控程序控制拉伸位移和(　　)来控制制件成型的。

160. 在调整拉弯程序数值参数时,有绝对值模式和(　　)两种模式供选择。

161. 划线常用工具有划线平板、(　　)划规、样冲、V 形铁、千斤顶等。

162. 焊接用的 V 形坡口几何尺寸有坡口角度、根部间隙和(　　)。

163. 冲压工的常用工具大致分为紧固(　　)调整冲床、取料和放料三类工具。

164. 夹具是一种(　　)工件的工装装备。

165. 用压板夹紧模具时，为了增加夹紧力，应使螺栓(　　)模具。

166. 游标卡尺的读数精度是利用主尺和副尺刻线间的(　　)之差来确定的。

167. 磨削加工通常作为零件的(　　)工序。

168. 电流表分为直流表和(　　)两种。

169. 力的基本单位是N(牛顿)，1N＝(　　)kgf(千克力)。

170. 测量误差是测量结果与被测量(　　)之差。

171. 测量误差按其特性可分为(　　)误差、系统误差和粗大误差三类。

172. 所选用计量器具的测量范围及标尺的测量范围，必须能够适应(　　)的外形、位置以及被测量的大小以及其他要求。

173. 选用计量器具需综合考虑准确度指标、适用性能和(　　)三个方面的要求，做到既经济又可靠。

174. 粗大误差是由于某些(　　)发生的因素所造成的误差。

175. 长期使用的精密量具，要定期送计量站进行保养和(　　)。

176. 生产操作者用料前，要认真检查材料标识与图纸材质、生产下料票(　　)后方可进行生产。

177. 不锈钢料件、铝料件与碳钢料架、料箱不能直接接触，需用(　　)材料隔开。

178. 凡是产生物理的(如声、光、热、辐射等)、化学的(如无机的、有机的)和生物的(如霉素、病菌、病毒等)有毒有害物质的设备、装置、场所称为(　　)。

179. 产品质量特性包括：性能、(　　)、可信性、安全性和经济性。

180. 全面质量管理要求把管理工作的重点从"事后把关转移到(　　)"上来；从管结果转变为管理因素。

二、单项选择题

1. 粗虚线在机械制图中应用于(　　)。

(A)允许表面处理的表示线　　(B)限定范围的表示线

(C)相邻辅助零件的轮廓线　　(D)不可见棱边线

2. 基本视图是物体向基本投影面投射所得的视图，共有(　　)。

(A)一个　　(B)三个　　(C)五个　　(D)六个

3. 在机械制图中，通常所说的高平齐是指主视图的高与(　　)的高平齐。

(A)俯视图　　(B)仰视图　　(C)左视图　　(D)后视图

4. 下列视图中，不属于六个基本视图的是(　　)。

(A)俯视图　　(B)斜视图　　(C)后视图　　(D)仰视图

5. 斜视图是零件向(　　)于基本投影面的平面投射所得到的视图。

(A)平行　　(B)不平行　　(C)垂直　　(D)不垂直

6. 假想用剖切面剖开物体，将处于观察者和剖切面之间的部分移去，而将其余部分向投影面投射所得的图形，称为(　　)。

(A)剖面图　　(B)剖切面　　(C)剖视图　　(D)断面图

7. 用剖切面完全地剖开物体所得到的剖视图称为(　　)。

(A)全剖视图　　(B)局部剖视图　　(C)旋转剖视图　　(D)阶梯剖视图

8. 画在视图轮廓线外面的断面图,称为(　　)。

(A)局部断面图　(B)重合断面图　(C)局部视图　(D)移出断面图

9. 在没有特定剖面符号的金属零件剖视图中,剖面符号采用(　　)以细实线画出。

(A)45°角平行线　(B)水平平行线　(C)45°角网格线　(D)正交网格线

10. 当机件具有若干相同结构并按一定规律分布时,只需画出几个完整的结构,其余用(　　)连接,在零件图中则必须注明该结构的总数。

(A)细点划线　(B)细双点划线　(C)细实线　(D)细虚线

11. 在不致引起误解时,对于对称机件的视图可只画一半或四分之一,并在对称中心线的两端画出(　　)与其垂直的平行细实线。

(A)一条　(B)两条　(C)三条　(D)四条

12. GB/T 16675.2—2012 规定,在同一图形中,尺寸相同的成组要素的简化标注形式为(　　)。

(A)要素数量一要素尺寸　(B)要素数量~要素尺寸

(C)要素数量/要素尺寸　(D)要素数量×要素尺寸

13. 螺纹牙顶圆的投影用粗实线表示,牙底圆的投影用(　　)表示。

(A)细虚线　(B)细双点划线　(C)细实线　(D)细点划线

14. 有效螺纹的终止界线用(　　)表示。

(A)粗虚线　(B)粗实线　(C)细实线　(D)细虚线

15. 当表面粗糙度高度参数采用(　　)值时,参数值前可不标注参数代号。

(A)Rv　(B)Rz　(C)Ry　(D)Ra

16. 尺寸公差就是允许尺寸的变动量,其值为最大极限尺寸与最小极限尺寸之(　　)。

(A)差　(B)和　(C)商　(D)积

17. 公差带的大小是由(　　)等级确定的。

(A)公称尺寸　(B)标准公差　(C)基本偏差　(D)极限尺寸

18. 标准公差用符号(　　)表示,后面的数字是公差等级代号。

(A)T　(B)IT　(C)H　(D)h

19. 数控的产生依赖于数据载体和(　　)形式数据运算的出现。

(A)二进制　(B)五进制　(C)十进制　(D)十六进制

20. 交流伺服电动机在没有控制电压时,定子内只有励磁绕组产生的脉动磁场,转子(　　)。

(A)加速转动　(B)减速转动　(C)静止不动　(D)匀速转动

21. 光栅尺测量输出的信号为(　　),具有检测范围大,检测精度高,响应速度快的特点。

(A)模拟信号　(B)数字脉冲　(C)激光脉冲　(D)电子信号

22. 光栅尺属于(　　)。

(A)温度传感器　(B)位移传感器　(C)压力传感器　(D)速度传感器

23. 无论哪一种数控机床都规定 Z 轴作为平行于主轴中心线的坐标轴,如果一台机床有多根主轴,应选择(　　)工件装卡面的主要轴为 Z 轴。

(A)平行于　(B)垂直于　(C)靠近于　(D)远离于

24. X 轴通常选择为平行于工件装卡面,与主要切削进给方向(　　)。

(A)平行 (B)垂直 (C)相同 (D)相反

25. 机床坐标系的( )要参照机床参考点而定。

(A)起点 (B)终点 (C)原点 (D)拐点

26. 程序编制人员在编程时一般采用的是( )坐标系。

(A)相对 (B)绝对 (C)机床 (D)设备

27. 给出两端点间的插补数字信息,借此信息控制刀具与工件的相对运动,使其按规定的( )加工出理想曲面的插补方式为直线插补。

(A)圆弧 (B)曲线 (C)抛物线 (D)直线

28. 给出两端点间的插补数字信息,借此信息控制刀具与工件的相对运动,使其按规定的圆弧加工出理想曲面的插补方式为( )。

(A)直线插补 (B)圆弧插补 (C)抛物线插补 (D)样条线插补

29. 手工编程是指所有编制加工程序的全过程,即图样分析、工艺处理、数值计算、编写程序、制作控制介质、程序校验都是由( )来完成。

(A)自动 (B)计算机 (C)机床 (D)手工

30. 手工编程具有编程( )的优点。

(A)快速及时 (B)速度慢 (C)效率低 (D)错误多

31. 自动编程是由( )编制数控加工程序的过程。

(A)人工 (B)程序员 (C)计算机 (D)存储器

32. 一些计算烦琐、手工编程困难或无法编出的程序可以通过( )编程方式实现。

(A)手工 (B)自动 (C)人工 (D)计算

33. 自动编程一般在计算机上通过( )来实现。

(A)文档 (B)文件 (C)存储 (D)编程软件

34. 每个程序都以( )开头,给程序编号以便进行检索。

(A)程序段 (B)程序号 (C)程序代码 (D)程序指令

35. 程序主体是由若干个程序段组成的,每个程序段一般占( )行。

(A)一 (B)二 (C)若干 (D)多

36. 刀具位置补偿功能是由程序段中的( )代码来实现。

(A)G (B)N (C)M (D)T

37. 当刀具补偿号为( )时,表示不进行刀具补偿或取消刀具补偿。

(A)00 (B)01 (C)54 (D)90

38. 快速定位指令为( )。

(A)G00 (B)G01 (C)M02 (D)M30

39. 直线插补指令为( )。

(A)G00 (B)G01 (C)G02 (D)G03

40. M30 指令表示程序( )。

(A)开始 (B)暂停 (C)继续 (D)结束

41. 在现代数控系统中,系统都有子程序功能,并且子程序( )嵌套。

(A)只能有一层 (B)可以有限层 (C)可以无限层 (D)不能

42. 在程序中同样轨迹的加工部分,只需制作一段程序,把它称为( ),其余相同的加工部分通过调用该程序即可。

(A)调用程序 (B)固化程序 (C)循环指令 (D)子程序

43. 编程人员在编程时在工件上指定某一固定点为原点，建立的坐标系为(　　)。

(A)标准坐标系 (B)机床坐标系

(C)右手直角笛卡儿坐标系 (D)工件坐标系

44. 数控机床 CNC 系统是(　　)。

(A)轮廓控制系统 (B)动作顺序控制系统

(C)位置控制系统 (D)速度控制系统

45. 数控系统中 CNC 的中文含义是(　　)。

(A)计算机数字控制 (B)工程自动化 (C)硬件数控 (D)计算机控制

46. 计算机操作系统是(　　)。

(A)硬件 (B)软件 (C)程序 (D)应用程序

47. 低碳钢是指碳的质量分数在(　　)范围之内的铁碳合金。

(A)＜0.04% (B)0.04%～0.25% (C)0.25%～0.6% (D)0.6%～2.0%

48. 中碳钢是指碳的质量分数在(　　)范围之内的铁碳合金。

(A)0.04%～0.25% (B)0.25%～0.6% (C)0.6%～1.5% (D)1.5%～2.0%

49. 高碳钢是指碳的质量分数在(　　)范围之内的铁碳合金。

(A)0.04%～0.25% (B)0.25%～0.6% (C)0.6%～2.0% (D)≥2.0%

50. 铸铁牌号以代表该类别的字母开头，下面的(　　)表示球墨铸铁。

(A)BT100 (B)KT200 (C)HT300 (D)QT400-18

51. 下列牌号中，属于工程结构用铸造碳素钢的是(　　)。

(A)ZG270-500 (B)15MnV (C)T12 (D)16Mn

52. 下列牌号中，属于普通碳素结构钢的是(　　)。

(A)T8A (B)20Cr (C)Q235B (D)35

53. 下列牌号中，属于碳素工具钢的是(　　)。

(A)Cr12 (B)20Cr (C)Q255C (D)T10A

54. 在国标规定的表示相同牌号不同状态的铝及铝合金状态代号中，表示退火状态的代号是(　　)。

(A)O (B)T4 (C)T5 (D)T6

55. 纯铝在变形铝及铝合金牌号四位字符表示法中的组别号是(　　)。

(A)4 (B)2 (C)1 (D)3

56. 金属材料牌号 QSi3-1 表示的是(　　)金属。

(A)黄铜 (B)青铜 (C)镁合金 (D)镍合金

57. 带传动是由带轮和(　　)组成的。

(A)带 (B)链条 (C)齿轮 (D)从动轮

58. 带传动按传动原理分为(　　)和啮合式两种。

(A)连接式 (B)摩擦式 (C)滑动式 (D)组合式

59. 链传动是由链条和具有特殊齿形的链轮组成的传递(　　)和动力的传动。

(A)运动 (B)扭矩 (C)力矩 (D)能量

60. 齿轮传动由从动齿轮和(　　)机架组成。

(A)圆柱齿轮　(B)圆锥齿轮　(C)主动齿轮　(D)主动带轮

61. 按(　　)不同可将齿轮传动分为圆柱齿轮传动和圆锥齿轮传动两类。

(A)齿轮形状　(B)用途　(C)结构　(D)大小

62. 按用途不同螺旋传动可分为传动旋转、传力旋转和(　　)三种类型。

(A)调整螺旋　(B)滑动螺旋　(C)滚动螺旋　(D)运动螺旋

63. 螺纹传动主要由螺杆、(　　)和机架组成。

(A)螺旋　(B)螺钉　(C)螺柱　(D)螺母

64. 常用固体润滑剂可以在(　　)下使用。

(A)低温高压　(B)高温低压　(C)低温低压　(D)高温高压

65. 在步冲机加工时板材不平度(包括料厚)应小于(　　)。

(A)15 mm　(B)20 mm　(C)10 mm　(D)25 mm

66. 离合器的种类较多,常用的有啮合式离合器、摩擦离合器和(　　)离合器三种。

(A)叶片　(B)齿轮　(C)超越　(D)无极

67. 曲柄压力机,在最末一级齿轮上铸有偏心轴,这种曲柄机构是(　　)。

(A)曲拐轴式　(B)曲轴式　(C)偏心齿轮式　(D)偏心轴式

68. 油压机进行工作时,滑块下降下行速度是(　　)。

(A)减速　(B)匀速　(C)加速　(D)无规律

69. 数控机床作空运行试验的目的是(　　)。

(A)检验加工精度　(B)检验功率

(C)检验程序是否能正常运行　(D)检验程序运行时间

70. 不同机型的机床操作面板和外形结构(　　)。

(A)是相同的　(B)有所不同

(C)完全不同　(D)无正确答案

71. 变量泵是可以调节(　　)的液压泵。

(A)输出流量　(B)输出压力　(C)输出能量　(D)输出流速

72. 液压系统的执行机构部分是液压油缸、液动机等,它们用来带动部件将液体压力能转换为使工作部件运动的(　　)。

(A)机械能　(B)电能　(C)热能　(D)动能

73. 折弯机在选用模具时应与(　　)的模具一致。

(A)库存　(B)生产厂　(C)CNC 系统内　(D)无所谓

74. 顺序控制系统的一系列加工运动都是按照要求的(　　) 进行。

(A)指令　(B)代码　(C)顺序　(D)格式

75. 数控机床中,零点是在程序中给出的坐标系是(　　)。

(A)机床坐标系　(B)工件坐标系

(C)局部坐标系　(D)绝对坐标系

76. 不符合熔断器选择原则的是(　　)。

(A)根据使用环境选择类型　(B)根据负载性质选择类型

(C)根据线路电压选择其额定电压　(D)分段能力应小于最大短路电流

77. 接触器不适用于(　　)。
(A)频繁通断的电路　(B)电机控制电路
(C)大容量控制电路　(D)室内照明电路
78. 手动换刀指令为(　　)。
(A)M100　(B)M106　(C)M00　(D)M50
79. 预拉弯的方法是(　　)。
(A)拉—拉—弯　(B)拉—弯—拉　(C)弯—拉—拉　(D)弯—弯—拉
80. 当相对弯曲半径小于(　　)mm 的工件,一般都不采用拉弯方法进行弯曲。
(A)5～10　(B)10～15　(C)15～25　(D)25～40
81. 拉弯模具的两端头应(　　)。
(A)与工件相等　(B)小于工件
(C)适当加长　(D)较大的长于工件
82. 拉弯机夹头内夹块的材料为(　　)。
(A)Q235　(B)T10A　(C)5CrMnMo　(D)W18Cr4V
83. 弯曲件的精度与(　　)及设备性能有着密切的关系。
(A)材料厚度公差　(B)材料性能　(C)弯曲角度　(D)弯曲半径
84. 冲压工艺规程是冲压生产全过程的(　　)文件。
(A)工艺过程　(B)工序　(C)指导性　(D)操作要求
85. 为避免弯曲裂纹一般弯曲方向与辗压方向成(　　)。
(A)弯曲方向与辗压方向平行　(B)不考虑方向
(C)弯曲方向与辗压方向成 45°　(D)弯曲方向与辗压方向成 30°
86. 确定弯曲力的因素有(　　)。
(A)板材厚度　(B)模具开口宽度　(C)模具硬度　(D)(A)和(B)
87. 步冲机的特点是液压传动(　　)。
(A)成本低　(B)无故障　(C)精度高　(D)生产效率高
88. 260 步冲机加工时板材不平度(包括料厚)应小于(　　)。
(A)15 mm　(B)20 mm　(C)10 mm　(D)25 mm
89. 模具 V 形槽开口是折弯工件厚度的(　　)。
(A) 4 倍　(B)6 倍　(C)8 倍　(D)10 倍
90. 按运动方式,数控机床可分为(　　)。
(A)点位控制、点位直线控制、轮廓控制
(B)开环控制、闭环控制、半闭环控制
(C)两坐标数控、三坐标数控、多坐标数控
(D)硬件数控、软件数控
91. 在数控机床的组成中,其核心部分是(　　)。
(A)输入装置　(B)运算控制装置　(C)伺服装置　(D)机电接口电路
92. 标准公差带共划分(　　)个等级。
(A)18　(B)20　(C)22　(D)28
93. 用游标卡尺或千分尺测量工件的方法叫(　　)。

(A)直接测量　(B)间接测量　(C)相对测量　(D)动态测量

94. 关于划伤，用指甲刮过时有手感的划伤(或刮手感)属于(　　)。

(A)深度划伤　(B)重度划伤　(C)中度划伤　(D)轻度划伤

95. 步冲机的特点是液压传动(　　)。

(A)低噪声　(B)故障率小　(C)精度高　(D)以上均是

96. 折弯机主要润滑点包括(　　)。

(A)后挡尺导向轴　(B)后挡尺螺杆　(C)导轨　(D)以上均是

97. 折弯机的空气滤清器每(　　)个月要定期清洗。

(A)2　(B)3　(C)4　(D)5

98. 正确使用冲模，可以提高冲模的(　　)。

(A)使用寿命　(B)制造精度

(C)制造强度　(D)材料利用率

99. 折弯机的静止点、制动和安全点是参照(　　)来一一确定的。

(A)机床状态　(B)工件形状　(C)工件表面位置　(D)以上均不对

100. 弯曲件直边的高度是板厚的(　　)倍。

(A)2　(B)3　(C)4　(D)5

101. 冷挤压的材料发生了(　　)。

(A)冷作硬化　(B)疲劳

(C)破坏了材料本身的完整性　(D)有断层

102. 为了退下卡在凸模上的零件或废料称为(　　)。

(A)退料力　(B)推件力　(C)顶件力　(D)卸料力

103. 冲裁件上出现齿状毛刺原因是(　　)。

(A)间隙过大　(B)间隙过小　(C)间隙正常　(D)间隙偏

104. 弯曲时在缩短与伸长两个变形区域之间有一层长度始终不变称为(　　)。

(A)不变区　(B)变形区　(C)中间层　(D)中性层

105. 弯曲变形区域板料长度方向的增加与(　　)有关。

(A)板料较窄　(B)板料较宽　(C)板料较薄　(D)板料较硬

106. V形件自由弯曲(　　)不采用。

(A)小型精密件　(B)精度要求不高工件

(C)大中型工件　(D)一般厚度工件

107. U形件弯曲会产生偏移现象，是由于(　　)产生。

(A)材料机械性能　(B)弯曲模具角度

(C)摩擦力　(D)压力机的力量

108. 对弯曲件擦伤影响最大的原因是(　　)。

(A)工件的材料　(B)模具工作部分的材料

(C)间隙　(D)模具凹模圆角

109. 弯曲、拉深、翻边工序后的工件，由于受到凹模圆角半径的限制，而使工件达不到要求的圆角半径，需要用(　　)模使其达到较准确的尺寸和形状。

(A)校平　(B)胀形　(C)缩形　(D)整形

110. 翻孔的极限翻边系数与工件材料的(　　)有关系。

(A)延伸率　(B)韧性　(C)收缩率　(D)弹性

111. 翻边是将制件的内孔或外缘在模具的作用下,压制出(　　)成型。

(A)有底边的　(B)横直的　(C)竖直的　(D)封闭的

112. 起伏成型的零件,不仅可以提高其(　　),而且还使表面美观。

(A)硬度　(B)刚性　(C)厚度　(D)容积

113. 板料冲裁后因塑性变形而产生弓弯,若工件有较高的不平度要求,需要有(　　)工序。

(A)局部成型　(B)起伏成型　(C)整形　(D)校平

114. 用于生产多种工件的冲模,如通用冲孔模、通用冲角模、通用折弯模等称为(　　)。

(A)简易冲模　(B)复杂冲模　(C)专用冲模　(D)通用冲模

115. 仅用于生产特定工件的冲模,称为(　　)。

(A)简易冲模　(B)通用冲模　(C)专用冲模　(D)复杂冲模

116. 模具的工作零件包括凸模、凹模、(　　)及凸、凹模组成等。

(A)垫块　(B)侧压块　(C)支承块　(D)凸凹模

117. 单刃冲裁的模具,为平衡冲裁时产生的侧向力,需增加(　　)结构。

(A)斜楔　(B)侧压　(C)侧刃　(D)压料

118. 冲裁模的凸、凹模淬火硬度低,会产生(　　)。

(A)工件有毛刺　(B)凸模折断　(C)卸料板倾斜　(D)刃口相咬

119. 选用材料 Cr12MoV 制造冲裁模的凹模,其热处理硬度要求达到(　　)。

(A)38～42 HRC　(B)48～52 HRC　(C)58～62 HRC　(D)68～72 HRC

120. 弯曲模的结构主要取决于弯曲件的(　　)及弯曲工序的安排。

(A)尺寸精度　(B)料厚　(C)材料　(D)形状尺寸

121. 拉弯模的有效工作长度,应(　　)工件的切割长度。

(A)等于　(B)略长于　(C)小于　(D)小于等于

122. 对于工件的成形部分不封闭,在成型过程中产生的侧向力,容易导致(　　)有相对移动的趋势。

(A)压料板与托料板　(B)定位板与压料板

(C)托料板与定位板　(D)上模板与下模板

123. 冲裁大型和厚板零件时,为减少(　　),凸、凹模应采用斜刃口。

(A)推件力　(B)侧向力　(C)冲裁力　(D)卸料力

124. 冲孔时,其刃口尺寸计算原则是先确定(　　)。

(A)凹模刃口尺寸　(B)凸模刃口尺寸

(C)凹模尺寸公差　(D)凸模尺寸公差

125. 冲压工序按加工性质不同可分为(　　)两个基本工序。

(A)变形和弯曲　(B)拉延和弯曲　(C)变形和冲裁　(D)成型和弯曲

126. 当对零件孔的尺寸和位置的精度要求较高时,冲孔工序应放在所有成型工序(　　)进行。

(A)之中　(B)之后　(C)之前　(D)任意

127. 工艺规程是反映比较合理的工艺过程的(　　)文件。

(A)技术　(B)质量　(C)管理　(D)营销

128. 步冲机冲大孔的加工方式是(　　)。

(A)单冲　(B)单次成型

(C)多方向的连续冲裁　(D)同方向的连续冲裁

129. 在高、窄槽型制件折弯时,工件与上胎相碰时,需采(　　)等解决。

(A)标准直胎　(B)尖角端直胎　(C)弯胎　(D)圆弧端直胎

130. 冲裁模应根据零件的不同板厚、不同材质,选用不同的模具间隙,否则会降低零件质量和冲裁模的(　　)。

(A)性能　(B)使用寿命　(C)结构　(D)强度

131. 拉弯时理论计算出的拉弯力往往和实际需要有较大的差距,需要在(　　)过程中加以调整。

(A)试拉　(B)大批量生产　(C)小批量生产　(D)新产品试制

132. 步冲机冲裁弧形可采用小圆模,以(　　)的步距进行连续冲制加工。

(A)特大　(B)特小　(C)较大　(D)较小

133. 折弯机上、下模长度与待折弯工件长度相比应(　　)。

(A)一样　(B)长得多　(C)稍长　(D)短些

134. 为保证零件质量,折弯机下模V形槽开口尺寸,一般取折弯件板厚的(　　)。

(A)4倍　(B)6倍　(C)8倍　(D)10倍

135. 拉弯机拉弯时,一般是根据(　　)或工艺规程的要求,选择拉弯机模具。

(A)工序卡　(B)安全操作规程　(C)工序图　(D)产品图

136. 步冲机模具安装调整时,要使用(　　)的冲切速度。

(A)较高　(B)较低　(C)最高　(D)最低

137. 当冲裁模冲裁累积到一定次数以后,如果凸、凹模刃口出现圆角,光泽已经消失,说明凸、凹模已钝,此时需要(　　)。

(A)继续使用　(B)喷些油　(C)刃磨　(D)擦干净

138. 当模具和其他有关装置发生故障时,必须(　　)。

(A)开机检查　(B)不必检查　(C)带病使用　(D)停机检查

139. 不对模具进行正常维护、保养所带来的后果是(　　)。

(A)提高零件的质量　(B)降低模具寿命

(C)降低维修成本　(D)提高工作效率

140. 折弯机下模的工作部分经多次磨修后,(　　)不能满足使用要求,不能用于生产。

(A)粗糙度　(B)硬度　(C)刚度　(D)强度

141. 程序的输入可以通过(　　)直接输入数控系统,也可以通过计算机通信接口输入数控系统。

(A)鼠标　(B)键盘　(C)主机　(D)显示器

142. 合理的选择编程坐标系,可以(　　)程序段的数量。

(A)减少　(B)增加　(C)不改变　(D)插入

143. 工件坐标系是机床进行加工时使用的坐标系,它应该与(　　)坐标系一致。

(A)机床　(B)笛卡尔　(C)平面　(D)编程

144. TCR500R 步冲机的编程方式是(　　)。

(A)手工编程　(B)自动编程　(C)CAD\CAM 编程　(D)自由编程

145. TCR500R 步冲机编程时,首先要输入的参数是(　　)。

(A)料件材质　(B)料件厚度　(C)料件大小　(D)料件的质量

146. TCR500R 步冲机模具运动所在的坐标轴为(　　)轴。

(A)X　(B)Y　(C)Z　(D)O

147. 折弯机后挡料的前后运动为(　　)轴。

(A)X　(B)Y　(C)Z　(D)O

148. 数控折弯机工作在(　　)下可以对数控程序进行修改。

(A)手动方式　(B)编程方式　(C)自动方式　(D)单步方式

149. 在加工弯梁类制件时,如果弧顶与检测样板有间隙,可以通过(　　)拉伸位移来解决。

(A)增大　(B)减小　(C)不改变　(D)删除

150. 对于焊接结构件的金属材料,最好采用相等的(　　)。

(A)高度　(B)长度　(C)宽度　(D)厚度

151. 用来锉制或修整金属工件孔和槽的工具是(　　)。

(A)手钳　(B)扳手　(C)锉刀　(D)手锤

152. 冷加工使用最多的一种锤子是(　　)。

(A)什锦锤　(B)圆头锤　(C)斩口锤　(D)型锤

153. 在冲床上采用压板压紧工件时,为了增大夹紧力,应使螺栓(　　)。

(A)远离工件　(B)在压板中间　(C)靠近工件　(D)偏离工件

154. 直尺和卷尺的最小刻度为(　　)。

(A)0.1 mm　(B)0.2 mm　(C)0.5 mm　(D)1.0 mm

155. 用量具(　　)测量孔径、孔位偏差。

(A)塞尺　(B)游标卡尺　(C)卷尺　(D)钢直尺

156. 刨削加工不可以用于加工(　　)。

(A)平面　(B)曲面　(C)V 形槽　(D)T 形槽

157. 电流所做的功叫做(　　)。

(A)电功　(B)电功率　(C)电能　(D)电位

158. 在国际单位制中,长度的基本单位是(　　)。

(A)cm　(B)m　(C)mm　(D)km

159. 加在基本单位前表示其十进倍数的词头中,10^6 用(　　)来表示。

(A)T　(B)G　(C)M　(D)k

160. 国家选定的非国际单位制平面角的"度"与国际单位制的辅助单位"弧度"的换算关系是(　　)。

(A)$1°=(\pi/180)$rad　(B)$1°=(\pi/90)$rad

(C)$1°=(\pi/270)$rad　(D)$1°=(\pi/360)$rad

161. 半径为 R 的圆的周长计算公式为(　　)。

(A)$\pi R/2$ (B)$2\pi R$ (C)πR (D)$4\pi R$

162. 两直角边为 a、b 的直角三角形的周长计算公式为(　　)。

(A)$L=a+b+\sqrt{a^2-b^2}$ (B)$L=a+b+\sqrt{b^2-a^2}$

(C)$L=a+b+\sqrt{b^3+a^3}$ (D)$L=a+b+\sqrt{a^2+b^2}$

163. 半径为 R,圆心角的角度值为 α 的圆弧长度的计算公式为(　　)。

(A)$L=R\alpha$ (B)$L=R\alpha/2$ (C)$L=\pi R\alpha/180$ (D)$L=\pi R\alpha/360$

164. 半径为 R,圆心角的角度值为 α 的扇形面积的计算公式为(　　)。

(A)$\pi R^2\alpha/360$ (B)$\pi R^2\alpha/180$ (C)$\pi R^2\alpha$ (D)$\pi R^2\alpha/2$

165. 半径为 R,圆心角的弧度值为 θ 的扇形面积的计算公式为(　　)。

(A)$\pi R^2\theta/360$ (B)$\pi R^2\theta/180$ (C)$\pi R^2\theta$ (D)$\pi R^2\theta/2$

166. 不锈钢原材料标识中不包含的信息是(　　)。

(A)材质 (B)料厚 (C)图号 (D)炉号

167. 下面不属于“三不伤害”的是(　　)。

(A)不伤害他人 (B)不伤害自己 (C)不被他人伤害 (D)预防受伤害

168. 环境管理体系主要关注的对象是(　　)。

(A)相关方 (B)员工 (C)顾客 (D)社会

169. 在职业健康安全管理中,控制风险的最后一种措施是(　　)。

(A)隔离 (B)个体防护 (C)工程控制 (D)管理控制

170. 以下属于职业健康安全管理体系危险源的是(　　)。

(A)可能导致伤害或疾病、财产损失、工作环境破坏或这些情况组合的根源或状态

(B)污染环境的风险

(C)造成死亡、疾病、伤害、损坏或其他损失的意外情况

(D)A 和 C

三、多项选择题

1. 细实线在机械制图中一般应用于(　　)。

(A)尺寸线及尺寸界线 (B)剖面线

(C)重合断面的轮廓线 (D)螺纹牙底线

2. 细点划线在机械制图中一般应用于(　　)。

(A)成形前轮廓线 (B)轴线 (C)对称中心线 (D)轨迹线

3. 细虚线在机械制图中一般应用于(　　)。

(A)不可见棱边线 (B)不可见轮廓线 (C)工艺结构轮廓线 (D)相邻件轮廓线

4. 在零件图的标题栏中,可以查看到零件的(　　)等信息。

(A)用途 (B)名称 (C)代号 (D)材质

5. 剖视图按剖切范围的不同可分为(　　)。

(A)全剖视图 (B)旋转剖视图 (C)局部剖视图 (D)半剖视图

6. 尺寸界线用细实线绘制,并应由图形的(　　)处引出。

(A)轮廓线 (B)对称中心线 (C)剖切位置线 (D)轴线

7. 焊缝符号一般由基本符号与指引线组成。必要时可以加上(　　)和焊缝尺寸符号。

(A)辅助符号　(B)方法符号　(C)补充符号　(D)强度符号

8. 辅助符号是表示焊缝表面形状特征的符号,主要有(　　)。

(A)曲面符号　(B)平面符号　(C)凹面符号　(D)凸面符号

9. 机械图样上表示零件表面结构的符号有三种,分别表示(　　)。

(A)表面可用任何方法获得　(B)表面是用去除材料方法获得

(C)表面是用涂镀方法获得　(D)表面是用不去除材料方法获得

10. 一张完整的装配图应该具有一组视图,(　　),标题栏及明细表四部分内容。

(A)文字说明　(B)必要的尺寸　(C)加工方法　(D)技术要求

11. 一般公差标准 GB/T 1804—2000 仅适用于(　　)的未注公差尺寸。

(A)线性尺寸　(B)括号内的参考尺寸

(C)角度尺寸　(D)机加工组装件的线性和角度尺寸

12. 在 GB/T 1804—2000 一般公差标准中,将线性和角度尺寸的未注公差划分为(　　)的公差等级。

(A)精密　(B)中等　(C)粗糙　(D)最粗

13. 视图分为基本视图(　　)和局部视图。

(A)断面图　(B)向视图　(C)剖视图　(D)斜视图

14. 零件图一般应包括(　　)和技术要求四部分内容。

(A)加工方法　(B)一组图形　(C)完整尺寸　(D)标题栏

15. 国标 GB/T 1800.1—2009 中定义的配合类型分别是(　　)。

(A)间隙配合　(B)过盈配合　(C)过渡配合　(D)滑动配合

16. 断面图与剖视图的区别是(　　)。

(A)断面图仅画出被切断处的断面形状　(B)剖视图还需画出可见轮廓线

(C)剖视图仅画出被切断处的断面形状　(D)断面图还需画出可见轮廓线

17. 装配图中的尺寸种类有(　　)。

(A)性能尺寸　(B)装配尺寸　(C)安装尺寸　(D)外形尺寸

18. 单一实际要素所允许的变动全量称为形状公差,共有六个项目,包括有(　　)等。

(A)直线度　(B)平面度　(C)垂直度　(D)圆柱度

19. 关联实际要素的位置对基准所允许的变动全量称为位置公差,共有八个项目,包括有(　　)等。

(A)圆度　(B)平行度　(C)对称度　(D)位置度

20. 下列线性和角度尺寸的未注公差等级对应代号,符合 GB/T 1804—2000 规定的是(　　)的公差等级。

(A)精密——f　(B)中等——m　(C)粗糙——c　(D)最粗——v

21. 制造工业现代化的重要基础是(　　)和(　　)。

(A)数控技术　(B)电子技术　(C)数控装备　(D)大型装备

22. 数控机床较普通机床有(　　)等优点。

(A)精度高　(B)效率高

(C)质量容易控制　(D)有效降操作者低劳动强度

23. 数控机床的伺服系统是指以机床移动部件的(　　)和(　　)作为控制量的自动控制系统，又称为随动系统。
(A)移动　(B)位置　(C)速度　(D)方向
24. 伺服系统按控制方式划分，有(　　)等。
(A)操作伺服系统　(B)开环伺服系统
(C)闭环伺服系统　(D)半开半闭伺服系统
25. 伺服系统对执行元件的要求是(　　)。
(A)惯性小、动量大　(B)体积小、质量轻
(C)便于计算机控制　(D)成本低、可靠性好、便于安装与维护
26. 光栅尺位移传感器经常应用于机床与现在加工中心以及测量仪器等方面，可用作(　　)或者(　　)的检测。
(A)直线位移　(B)弯曲位移　(C)角度位移　(D)弧度位移
27. 光栅尺位移传感器按照制造方法和光学原理的不同，分为(　　)和(　　)。
(A)透射光栅　(B)折射光栅　(C)散射光栅　(D)反射光栅
28. 数控机床常见的传感器有(　　)等。
(A)温度传感器　(B)位移传感器　(C)压力传感器　(D)速度传感器
29. 在工件坐标系内编程可以(　　)。
(A)简化坐标计算　(B)减少错误　(C)缩短程序长度　(D)改变机床坐标
30. 在一个加工程序中可以混合使用(　　)这两种坐标表示法编程。
(A)相对坐标　(B)绝对坐标　(C)笛卡尔坐标　(D)直角坐标
31. 插补的方式有(　　)等。
(A)直线插补　(B)圆弧插补　(C)抛物线插补　(D)样条线插补
32. 采用自动编程方法(　　)等优点。
(A)效率高　(B)可靠性好　(C)程序正确率高　(D)程序不稳定
33. 程序段格式是指一个程序段(　　)的书写规则。
(A)字　(B)字符　(C)数据　(D)程序
34. 刀具位置补偿可分为刀具(　　)补偿和刀具(　　)补偿两种，需分别加以设定。
(A)强度　(B)几何形状　(C)磨损　(D)损坏
35. 刀具半径补偿类型有(　　)两种方式。
(A)前补偿　(B)后补偿　(C)左补偿　(D)右补偿
36. 刀具补偿功能包括刀具(　　)等刀具补偿功能。
(A)半径补偿　(B)夹角补偿　(C)长度补偿　(D)破损补偿
37. 圆弧插补指令为(　　)。
(A)G00　(B)G01　(C)G02　(D)G03
38. 子程序的优点在于(　　)。
(A)便于加工顺序调整　(B)不利于加工顺序的调整
(C)简化了主程序　(D)使程序变复杂
39. 子程序由(　　)组成。
(A)程序调用字　(B)子程序号　(C)程序条数　(D)调用次数

40. 计算机硬件包括(　　)等。
(A)CPU　(B)内存　(C)主板　(D)存储器
41. 下面是计算机软件的有(　　)。
(A)操作系统　(B)Office　(C)Photoshop　(D)CAD
42. 线位移测量装置有(　　)。
(A)直线磁栅　(B)长光栅
(C)直线式感应同步尺　(D)脉冲编码器
43. 直流伺服电机调速方法有(　　)。
(A)调节电枢输电电压　(B)增大摩擦阻力
(C)减弱励磁磁通　(D)改变电枢回路电阻
44. CNC 系统控制软件的结构特点是(　　)。
(A)单任务　(B)多任务　(C)并行处理　(D)实时中断处理
45. 数控技术的发展趋势是(　　)。
(A)大功率　(B)高精度　(C)CNC 智能化　(D)高速度
46. 数控机床一般由主机(　　)以及其他一些附属设备组成。
(A)数控装置　(B)伺服驱动系统　(C)辅助装置　(D)编程机
47. 数控技术采用数字控制的方法对某一工作过程实现自动控制的技术。它集(　　)等多学科、多技术于一体。
(A)计算机技术　(B)微电子技术　(C)自动控制技术　(D)机械制造技术
48. 数控机床的位置精度主要指标是(　　)。
(A)定位精度　(B)几何精度
(C)分辨率和脉冲当量　(D)重复定位精度
49. 测量与反馈装置的作用是为了(　　)。
(A)提高机床寿命　(B)提高机床灵活性
(C)提高机床定为精度　(D)提高机床加工精度
50. 按国家标准《数控轴线的定位精度和重复定位精度的确定》(GB/T 17421.2—2000)规定,数控坐标轴定位精度的评定项目有(　　)三项。
(A)坐标轴的原点复归精度　(B)轴线的定位精度
(C)轴线的反向差值　(D)轴线的重复定位精度
51. 按机床的运动轨迹来分,数控机床可分为(　　)。
(A)点和直线控制　(B)轮廓控制　(C)开环控制　(D)闭环控制
52. 半径自动补偿命令包括(　　)。
(A)G40　(B)G41　(C)G42　(D)G43
53. 表示程序结束的指令有(　　)。
(A)M01　(B)M02　(C)M03　(D)M30
54. 一般工业生产中把金属材料分为六类,分别是(　　)稀有金属和半金属。
(A)黑色金属　(B)轻有色金属　(C)重有色金属　(D)贵金属
55. 铸铁按断口颜色分类有(　　)。
(A)马口铸铁　(B)灰口铸铁　(C)白口铸铁　(D)麻口铸铁

56. 钢按照品质的不同可分为(　　)。

(A)碳素钢　　(B)普通钢　　(C)优质钢　　(D)高级优质钢

57. 钢按照用途的不同可分为(　　)和专业用钢。

(A)结构钢　　(B)工具钢　　(C)优质钢　　(D)特殊钢

58. 钢按制造加工形式的不同可分为(　　)和冷拔钢等。

(A)铸钢　　(B)锻钢　　(C)热轧钢　　(D)冷轧钢

59. 铜及铜合金包括(　　)和白铜。

(A)纯铜　　(B)黄铜　　(C)青铜　　(D)杂铜

60. 变形铝合金按是否可以通过热处理来改变机械性能分为(　　)。

(A)热处理强化铝合金　　(B)非热处理强化铝合金

(C)热处理软化铝合金　　(D)非热处理软化铝合金

61. 冲压常用钢板按表面特征可分为(　　)等。

(A)镀锌板　　(B)镀锡板　　(C)复合钢板　　(D)彩色涂层钢板

62. 冲压常用钢板按厚度可分为(　　)。

(A)薄板　　(B)中板　　(C)厚板　　(D)超厚板

63. 在数控机床中回车键为确认键◇一般用于(　　)。

(A)程序启动　　(B)在程序列表中选用程序后

(C)数据输入时　　(D)在菜单列表内进行选择后

64. 按用途不同螺旋传动可分为(　　)。

(A)调整螺旋　　(B)滑动螺旋　　(C)传动螺旋　　(D)传力螺旋

65. 能够传递动力的螺纹是(　　)。

(A)普通螺纹　　(B)梯形螺纹　　(C)矩形螺纹　　(D)粗牙螺纹

66. 离合器的作用是使同一轴的两根轴,或轴与轴上的空套传动件随时接通或断开,以实现机床的(　　)等。

(A)启动　　(B)停车　　(C)扩大螺距

(D)变速　　(E)换向

67. 压力机滑块调整机构传动类型包括(　　)。

(A)皮带传动　　(B)蜗轮蜗杆传动　　(C)螺旋传动　　(D)凸轮传动

68. 平衡器在曲柄压力机中的作用是(　　)。

(A)启动　　(B)制动

(C)平衡连杆滑块和模具重量　　(D)降低滑块调整功率消耗

69. 数控冲床在工作中液压过载保护装置气动泵工作不停可能的原因是(　　)。

(A)缺少液压油　　(B)工作台没夹紧

(C)工作台没顶起　　(D)系统漏泄

70. 数控曲柄压力机单次行程滑块不运行可能出现的原因是(　　)。

(A)急停按钮没有复位　　(B)滑块没停在上死点

(C)离合器风阀故障　　(D)工作台夹紧没到位

71. 离合器制动器风阀结构特点是(　　)。

(A)双联　　(B)控制压力　　(C)控制流量　　(D)连锁

72. 曲柄压力机调整平衡器压力的依据是(　　)。
(A)滑块重量　(B)模具重量　(C)调整曲线　(D)连杆重量
73. 带传动由(　　)组成。
(A)带　(B)链条　(C)齿轮　(D)带轮
74. 润滑剂的作用包括(　　)。
(A)润滑作用　(B)冷却作用　(C)防锈作用　(D)密封作用
75. 关于压力机滑块调整机构离合器结构功能正确的是(　　)。
(A)超越离合器　(B)单项传递扭矩
(C)摩擦离合器　(D)传递扭矩过载保护
76. 下面做法正确的是(　　)。
(A)运动部件停稳前不得进行操作　(B)不跨越运动的机轴
(C)运动部件上不得放置物品　(D)运动部件上少放些工具
77. 接触器适用于(　　)。
(A)频繁通断的电路　(B)电机控制电路
(C)大容量控制电路　(C)室内照明电路
78. 符合安全用电措施的是(　　)。
(A)电器设备要有绝缘电阻　(B)电器设备安装要正确
(C)采用各种保护措施　(D)使用手电钻不准戴绝缘手套
79. 冲压加工材料可分为几大类?(　　)。
(A)黑色金属　(B)有色金属　(C)非金属　(D)木材
80. 凸、凹模之间的间隙对冲裁件的(　　)影响很大。
(A)质量　(B)冲裁力　(C)模具寿命　(D)人力成本
81. 剪切毛刺大小与(　　)有关。
(A)剪切间隙　(B)剪刃锋利度　(C)材料的硬度　(D)材料的宽度
82. 弯曲件擦伤影响因素有(　　)。
(A)工件的材料　(B)模具的材料　(C)间隙　(D)模具凹模圆角
83. 量具按用途分为(　　)。
(A)专用量具　(B)标准量具　(C)万能量具　(D)精密量具
84. 依据工艺性质不同冷冲模具可分为(　　)。
(A)冲裁模　(B)弯曲模　(C)拉延模　(D)冷挤模
85. 依据工序组合不同冷冲模可分为(　　)。
(A)单工序模　(B)复合模　(C)连续模　(D)弯曲模
86. 冲裁工序对毛坯进行润滑,可以降低材料与模具间的摩擦力,并且使(　　)。
(A)冲裁力降低　(B)卸料力降低
(C)减少凸凹模的磨损　(D)提高模具寿命
87. 普通冲裁板料分离过程大致可分为(　　)三个阶段。
(A)弹性变形阶段　(B)塑性变形阶段　(C)断裂阶段　(D)拉延阶段
88. 根据模具复杂程度弯曲模可分为(　　)。
(A)简单弯曲模　(B)复合弯曲模　(C)复杂弯曲模　(D)滚弯弯曲

89. 分离工序包含(　　)几种。
(A)落料　(B)冲孔　(C)切口　(D)切边
90. 冲压件的工艺性对冲压生产的意义是指(　　)。
(A)有利于简化工序　(B)有利于减少废品
(C)有利于提高材料利用率　(D)有利于提高冲模使用寿命
91. 影响最小弯曲半径的因素有(　　)。
(A)弯曲角度大小　(B)材料的展开方向
(C)材料表面和冲裁表面的质量　(D)材料的机械性能与热处理状态
92. 影响回弹现象的因素有(　　)。
(A)材料的机械性能　(B)弯曲变形程度　(C)弯曲角度　(D)弯曲形状
93. 提高冲裁件精度的措施有(　　)。
(A)选择合理的间隙　(B)保证凸凹模加工精度
(C)选择弹性变形小的材料　(D)保证压力机的精度和模具制造精度
94. 板料经冲裁后,断面上会出现(　　)。
(A)圆角带　(B)光亮带　(C)断裂带　(D)毛刺
95. 冲裁排样的方法直接影响材料的(　　)。
(A)利用率　(B)冲模结构　(C)制件质量　(D)生产率
96. 工件在冲裁过程中产生(　　)是普通冲裁件尺寸精度降低的原因之一。
(A)曲翘不平　(B)回弹　(C)断裂　(D)分离
97. 自由弯曲力与(　　)因素有关。
(A)材料的机械性能　(B)相对弯曲半径、支点距离
(C)材料与模具的摩擦系数　(D)弯曲角的大小有关
98. 冲裁模按工序性质分为(　　)。
(A)落料模　(B)冲孔模　(C)切断模　(D)切口模
99. 根据常见弯曲工件形状弯曲模可分为(　　)。
(A)V形弯曲模　(B)U形弯曲模　(C)Z形弯曲模　(D)四角形弯曲模
100. 为了降低冲裁力可采用(　　)几种方法。
(A)斜刃冲裁　(B)阶梯凸模冲裁　(C)加热冲裁　(D)精冲
101. 排样的方法主要有(　　)。
(A)有搭边排样　(B)少搭边排样　(C)无搭边排样　(D)精搭边排料
102. 拉弯力与所需模具的特点有(　　)。
(A)拉弯所需的力较少　(B)模具简单
(C)制造容易　(D)经济效果显著
103. 质量检查的依据有(　　)。
(A)产品图纸　(B)工艺文件
(C)国家或行业标准　(D)有关技术文件或协议
104. 毛刺打磨质量直接影响零件的(　　)。
(A)装配精度　(B)抗腐蚀性　(C)疲劳强度　(D)外观质量
105. 在工厂长度计量中最常见的计量器具是(　　)。

(A)千分尺　(B)卡尺　(C)表　(D)测速仪

106.(　)制件要上料架存放、吊运。

(A)长大件　(B)薄板件　(C)易变形　(D)大面积

107. 折弯成型时,需要对来料进行检查,主要检查来料的(　)。

(A)几何尺寸　(B)厚度　(C)表面质量　(D)重量

108. TCR500R 步冲机由德国通快公司生产,其特点是(　)。

(A)液压传动　(B)低噪声　(C)故障率小　(D)精度高

109. 确定弯曲力的因素有(　)。

(A)板材厚度　(B)模具开口宽度　(C)弯曲力　(D)模具硬度

110. 弯模两端要做成(　)。

(A)缺口　(B)斜角　(C)尖角　(D)棱角

111. 成型工艺主要有(　)校平等。

(A)起伏成型　(B)翻孔　(C)翻边　(D)整形

112. 翻孔时所需翻边力的大小与(　)因素有关。

(A)是否开预制孔　(B)凸模材料　(C)凸、凹模间隙　(D)凸模形状

113. 起伏成型包括(　)、压制百叶窗工序。

(A)压筋　(B)压包　(C)压花　(D)整形

114. 校平是将经过冲裁后的(　)不平度加以压平变直。

(A)毛坯　(B)废料　(C)零件　(D)工序件

115. 翻孔时,采用(　)凸模能减小翻边力。

(A)球形　(B)抛物线形　(C)柱形　(D)锥形

116. 按照工艺性质冲压模具分为可分为冲裁模、(　)。

(A)单工序模　(B)弯曲模　(C)成型模　(D)拉深模

117. 属于冲裁类的模具是(　)修边模等。

(A)落料模　(B)冲孔模　(C)切断模　(D)弯曲模

118. 根据工序组合的不同,冲模可分为(　)及复合模。

(A)冲孔模　(B)连续模　(C)落料模　(D)单工序模

119. 冲裁模的凸、凹模通常选用(　)材料制造。

(A)Cr12MoV　(B)T10A　(C)Q235-A　(D)45 钢

120. 冲裁模的凸、凹模刃口和侧刃必须锋利,不允许(　)等现象。

(A)崩刃　(B)缺刃　(C)机械损坏　(D)圆角

121. 在弯曲过程中,弯曲毛坯表面和模具表面之间的摩擦,会影响弯曲件的(　)。

(A)精度　(B)角度　(C)尺寸　(D)厚度

122. 一般拉弯模由(　)组成的。

(A)卡头　(B)凹模　(C)凸模　(D)凸、凹模

123. 翻孔后的工件,若孔壁与平面不垂直,产生主要原因是(　)。

(A)凸模、凹模间隙太大　(B)凹模圆角半径太小

(C)凸模圆角半径太大　(D)凸模、凹模间隙不均匀

124. 一般折弯机模具有不同的长度规格,通过简单的拼装操作,可以完成(　)长度零

件的折弯。

(A)标准　(B)一定　(C)规定　(D)任意

125. 拉弯零件材料为不锈钢时,拉弯卡头通常采用(　　)材料制造。

(1)45 钢　(B)T10A　(C)T8A　(D)Q235-A

126. 凸、凹模间隙对冲裁件质量影响较大,如果间隙太大会使工件产生(　　)。

(A)毛刺　(B)裂断

(C)剪切断面圆角太大　(D)工件不平

127. 工序数量的确定主要取决于零件(　　)要求等。

(A)几何形状　(B)复杂程度　(C)尺寸精度　(D)材料性能

128. 步冲机的单冲是单次完成冲孔,包括(　　)的孔。

(A)直线分布　(B)圆弧分布　(C)圆周分布　(D)栅格

129. 折弯顺序不是一成不变的,要根据折弯件的(　　)适当调整。

(A)形状　(B)障碍物　(C)尺寸精度　(D)材质

130. 步冲机冲裁(　　)及各种形状的曲线轮廓,可采用小冲模以步冲方式加工。

(A)圆孔　(B)方形孔　(C)腰形孔　(D)长方形孔

131. 当折弯(　　)时,应采用 V 形槽较宽的下模。

(A)材质较硬　(B)厚度较大　(C)材质较软　(D)厚度较小

132. 拉弯机模具凸模的主要参数是凸模(　　)。

(A)材料　(B)弯弧半径　(C)有效弧长　(D)高度

133. 折弯时,根据零件 (　　) 的要求,正确的选择折弯模具。

(A)产品图纸　(B)工序图　(C)安全操作规程　(D)工艺纪律规定

134. 工作前,要检查来料的(　　)等是否符合产品图纸或工艺规程的要求。

(A)宽度　(B)长度　(C)厚度　(D)外形尺寸

135. 拉弯机拉弯时,导致工件被拉裂的主要原因是(　　)及零件结构等。

(A)拉弯力过高　(B)材料延伸率低　(C)制件圆弧半径小　(D)凸模高度

136. 拉弯机拉弯时,导致拉弯件圆弧半径超差的主要因素是(　　) 等。

(A)拉弯机预拉力　(B)模具的高度　(C)拉弯机拉弯力　(D)模具回弹角

137. 导致折弯件角度超差的主要原因有(　　)凹模 V 形槽尺寸等。

(A)折弯机压力　(B)凸模圆角半径

(C)凸、凹模长度　(D)凸、凹模间隙

138. 导致折弯件翼面出现压痕、划伤的主要原因是凸、凹模的(　　),材料过软等。

(A)凹坑凸点　(B)沟痕　(C)表面不光滑　(D)凹模圆角小

139. 步冲机模具应定期防锈和涂油,用完模具后要将模具(　　),以防模具被磕碰、起毛刺,或落入灰尘、生锈,影响下一次使用。

(A)清洗干净　(B)刃磨

(C)摆放整齐　(D)放入固定的位置

140. 折弯机模具的工作部分在使用中出现(　　)无法维修和使用,不能用于生产。

(A)崩裂　(B)裂纹　(C)折断　(D)破损

141. 工作时,折弯机模具上严禁放置(　　)和其他材料。

(A)工具　(B)图纸　(C)工件　(D)量具

142. 要经常检查拉弯卡头咬合部分牙或凸点是否损坏,确保使用时卡头(　　)。

(A)夹紧牢固　(B)使用方便　(C)定位可靠　(D)打开方便

143. 对于局部有(　　)的拉弯模具,应及时修理、对于无法维修,应更换零部件或报废更新。

(A)裂缝　(B)凸起　(C)磨损　(D)凹陷

144. 一个数控程序由(　　)组成。

(A)开始符、结束符　(B)程序名称　(C)程序主体　(D)结束指令

145. TCR500R 步冲机冲孔编程有(　　)等方式。

(A)单孔　(B)排孔　(C)网格　(D)圆周分布

146. TCR500R 步冲机蚕食方式加工制件,编程有(　　)等方式。

(A)圆周分布　(B)网格　(C)内部轮廓　(D)外部轮廓

147. 数控折弯机后挡料可以在(　　)轴上运动。

(A)X　(B)Y　(C)Z　(D)R

148. 当折弯的长度尺寸不能满足图纸要求时,应该调整(　　)轴参数。

(A)$X1$　(B)$X2$　(C)$Y1$　(D)$Y2$

149. 数控折弯机的工作方式有(　　)。

(A)手动方式　(B)编程方式　(C)自动方式　(D)单步方式

150. 通过拉弯程序可以控制(　　)。

(A)拉伸长度　(B)拉伸角度

(C)运行速度　(D)卡具的松开及卡紧

151. 钳工用的锉刀,按断面形状可分为(　　)及半圆锉。

(A)平锉　(B)方锉　(C)圆锉　(D)三角锉

152. 属于冲压工常用工具的是(　　)的工具。

(A)紧固模具　(B)调整冲床　(C)取料和放料　(D)压板

153. 冲压工常用的夹具有(　　)。

(A)压板　(B)六角螺钉　(C)电磁吸盘　(D)垫铁

154. 用量具(　　)测量材料厚度。

(A)千分尺　(B)塞尺　(C)游标卡尺　(D)角度尺

155. 磨削加工能加工(　　)。

(A)金属材料　(B)非金属材料　(C)超硬材料　(D)高硬材料

156. 我国的法定计量单位包括(　　)。

(A)国际单位制的基本单位　(B)国家选定的非国际单位制单位

(C)非国际单位制单位　(D)国际单位制的辅助单位

157. 国际单位制的基本单位符号,包括下列(　　)等。

(A)N　(B)s　(C)kg　(D)m

158. 下面公式用于计算已知底边长度 b 和高度 h 的任意三角形的面积时,存在错误的是(　　)。

(A)$bh/4$　(B)$bh/2$　(C)bh　(D)$2bh$

159. 下面公式用于计算已知上底边长 a_1 和下底边长 a_2 及高度 h 的任意梯形的面积时，存在错误的是(　　)。

(A)$4(a_1+a_2)h$　　(B)$2(a_1+a_2)h$　　(C)$(a_1+a_2)h$　　(D)$(a_1+a_2)h/2$

160. 下面公式用于计算三个边长均为 a 的等边三角形的面积时，存在错误的是(　　)。

(A)$\sqrt{3}a^2/2$　　(B)$\sqrt{3}a^2/4$　　(C)$\sqrt{3}a^2$　　(D)$2\sqrt{3}a^2$

161. 下面公式用于计算半径为 R，圆心角的弧度值为 θ 的圆弧长度时，存在错误的是(　　)。

(A)$L=R\theta$　　(B)$L=R\theta/2$　　(C)$L=\pi R\theta/180$　　(D)$L=\pi R\theta/360$

162. 下面公式用于计算半径为 R 的半圆形的周长时，存在错误的是(　　)。

(A)$\pi R/2$　　(B)πR　　(C)$2\pi R$　　(D)$(\pi+2)R$

163. 下面是劳保用品的是(　　)。

(A)防护鞋　　(B)劳保手套　　(C)工作服　　(D)口罩

164."三同时"制度是《中华人民共和国环境保护法》的一部分，其主要工作就是建设项目中防治污染的设施，必须与主体工程(　　)。

(A)同时设计　　(B)同时施工　　(C)同时投产使用　　(D)同时监督

165. 质量检查的依据有：(　　)有关技术文件或协议。

(A)产品图纸　　(B)工艺文件　　(C)国家或行业标准　　(D)车间主任要求

166. 安全危害主要包括(　　)。

(A)物的不安全状态　　(B)人的不安全行为

(C)有害的作业环境　　(D)管理上的缺陷

四、判 断 题

1. 在机械制图国标规定中，双折线与波浪线的用途相同。(　　)

2. 在标题栏更改区的"更改文件号"一栏中，所填写的是需要更改的文件号。(　　)

3. 标题栏更改区中的内容，应按由下而上的顺序填写。(　　)

4. 技术要求是每张零件图中，必不可少的标注内容。(　　)

5. 对图样中有关要素的统一要求，可以采用技术要求的形式来标注。(　　)

6. 零件的材质和质量通常填写在图样的技术要求中。(　　)

7. 国标规定技术图样应采用正投影法绘制，并优先采用第一角画法。(　　)

8. 第一角画法就是将物体置于第一分角内，使物体处于观察者与投影面之间进行投射，然后按规定展开投影面得到基本视图的画法。(　　)

9. 不论是采用第一角画法还是第三角画法，都必须在图样标题栏内注明投影识别符号。(　　)

10. 在基本视图的规定配置中，仰视图配置在主视图之上。(　　)

11. 机件的真实大小应以图样上所标注的尺寸数值为依据，但与图形的大小及绘图的准确度也有关系。(　　)

12. 机件上斜度不大的结构，如在一个图形中已表达清楚时，其他图形可按小端画出。(　　)

13. 对于尺寸相同的重复要素，可只在一个要素上注出其数量和尺寸。(　　)

14. 焊缝基本符号是表示焊缝横截面大小的符号。(　　)

15. 焊缝横截面上的尺寸标注在基本符号的右侧。(　　)

16. 在垂直于螺纹轴线的投影面的视图中,螺杆或螺孔上的倒角投影不应画出。(　　)

17. 在装配图中,螺纹紧固件的工艺结构,如倒角、退刀槽、缩颈、凸肩等均可省略不画。(　　)

18. 装配图中零、部件的序号,可与明细表中的序号不一致。(　　)

19. 对公称尺寸相同的零件,可按其公差大小来评定其尺寸精度的高低。(　　)

20. 位置公差是指单一实际要素所允许的变动全量。(　　)

21. 数控技术所控制的通常是位置、角度、速度等机械量和与机械能量流向有关的开关量。(　　)

22. 数控的产生依赖于数据载体和十进制形式数据运算的出现。(　　)

23. 数控机床维修不便,对维护人员的技术要求较高。(　　)

24. 数控机床加工精度高,具有较高的加工质量。(　　)

25. 数控机床有利于批量化生产,但产品质量不容易控制。(　　)

26. 对伺服系统的基本要求有稳定性、精度和快速响应性。(　　)

27. 伺服电机分为直流和交流伺服电机两大类。(　　)

28. 光栅尺位移传感器是由标尺光栅和光栅读数头两部分组成。(　　)

29. 机床原点就是机床坐标系的原点。(　　)

30. 机床原点是机床上的一个固定的点,由制造厂家确定。(　　)

31. 机床坐标系一旦建立起来,不受断电的影响。(　　)

32. 机床坐标系受控制程序和设定新坐标系的影响。(　　)

33. 对机床参考点赋的坐标值并不影响机床参考点的位置。(　　)

34. 一般的数控系统可以设定几个工件坐标系。(　　)

35. 程序编制人员可以将工件上的某一点设为坐标原点,建立一个新坐标系。(　　)

36. 程序编制人员一般采用绝对坐标编程。(　　)

37. 数控机床中圆弧插补只能在某平面内行。(　　)

38. 在数控机床中,刀具不能严格地按照要求加工的曲线运动,只能用折线轨迹逼近所要加工的曲线。(　　)

39. 手工编程的缺点是不适合进行复杂的曲面编程。(　　)

40. 手工编程不需要计算机、编程器等设备,只需要有合格的编程人员即可完成。(　　)

41. 自动编程能够实现对于形状复杂,具有非圆曲线轮廓、三维曲面等零件编写加工。(　　)

42. 数控系统按顺序号的次序来执行程序。(　　)

43. 工件坐标系的原点位置是由操作者自己设定的。(　　)

44. 数控机床是在普通机床的基础上将普通电气装置更换成 CNC 控制装置。(　　)

45. 插补实质是根据有限的信息完成“数据密化”的工作。(　　)

46. M03 指令为主轴逆时针方向旋转。(　　)

47. 加工曲线轮廓时,对于有模具半径补偿的数控系统,编程时需要减掉模具半径。(　　)

48. 一般情况下半闭环控制系统的精度高于开环系统。(　　)

49. 钢铁材料也叫黑色金属材料,因为他们的颜色都是灰黑色的。( )

50. 白口铸铁具有很大的硬度和脆性,它即不能承受冷加工,也不能承受热加工。( )

51. 变形铝合金中的锻铝属于非热处理强化铝。( )

52. 纯铜的牌号表示法为 T+顺序号,铜的含量随着顺序号的增大而降低。( )

53. 疲劳强度是衡量金属材料抵抗冲击载荷破坏能力的指标。( )

54. 冲击韧性是衡量金属材料抵抗冲击载荷破坏能力的指标。( )

55. 布氏硬度只适用于测定铸铁、非铁合金、各种退火及调质的钢材,不适于测定太硬、太小、太薄和表面不允许有较大压痕的试样或工件。( )

56. 优质碳素结构钢薄板,在国标 GB/T 710—2008《优质碳素结构钢热轧薄钢板和钢带》中,其表面质量分为 3 组。( )

57. 冲压所用的材料,不仅要满足工件的使用要求,而且还要满足冲压工艺和后续加工的要求。( )

58. 通常所说的冲压用薄钢板是指厚度在 3 mm 以下的冷轧或热轧钢板。( )

59. 齿轮齿条传动可实现直线运动。( )

60. 平带传动主要用于两轴垂直的较远距离的传动。( )

61. 螺旋传动主要由螺杆、螺母和螺栓组成。( )

62. 圆柱齿轮的结构分为齿圈和轮齿两部分。( )

63. 润滑剂有润滑油、润滑脂和固体润滑剂三种。( )

64. 常用的固体润滑剂有石墨、二硫化钼、钾基润滑等。( )

65. 有较低的摩擦系数,能在 200℃高温内工作,常用于重载滚动轴承的是石墨润滑脂。( )

66. 接触器起控制作用,热继电器起保护作用。( )

67. 图形符号中文字符号 M 表示并励直流电动机。( )

68. 剪板机剪切不同厚度的材料时不需要调整间隙。( )

69. 人体的不同部位同时触及到三相电中的两根火线,而电流从一根火线通过人体流入另一根火线的触电方式称为两项触电。( )

70. 螺距用 P 表示,导程用 M 表示。( )

71. 梯形螺纹的牙顶宽用字母“W”表示。( )

72. 对于长期不用的数控机床,最好是每周通电 1 次,每次空载运行 20 min 左右,以保证电子器件性能的稳定和可靠。( )

73. 当有紧急状况时,按下紧急停止钮,可使机械动作停止,确保操作人员及机械的安全。( )

74. 数控机床变速较快,但是不能实现无级变速。( )

75. 液压系统的控制部分作用是用来带动运动部件,将液体压力转变成使工作部件运动的机械能。( )

76. 参考点就是机床的零点。( )

77. 在数控机床开始加工工件之前,若某轴在回零点位置前已处在零点位置,必须先将该轴移动到距离原点 50 mm 以外的位置,再进行手动回零点。( )

78. 数控机床按坐标轴分类,有两坐标、三坐标和多坐标等。他们都可以三轴联动。( )

79. 刀具的编码可以同刀座的编码不一样。( )

80. 在设备维护期间,要将系统退回使用状态,控制器应加锁并标以警告标记。( )

81. 刀具必须使用对刀仪对好后,方可放入刀库,并将参数输入刀库表。( )

82. 拉弯是将坯料放在专用拉弯机的胎模上进行的。( )

83. 拉弯同弯曲一样不能减少回弹。( )

84. 拉弯的工件尺寸及精度不高。( )

85. 拉弯模具只需要一个凸模就可以了。( )

86. 拉弯所需的拉力较大。( )

87. 拉弯的缺点是材料利用率较低。( )

88. 转臂式拉弯机应用较为普遍。( )

89. 拉弯模一般按内形样板制造。( )

90. 拉弯时,拉弯模内应涂润滑油。( )

91. 拉弯时,可用木锤敲打毛料。( )

92. 弯曲件、板料在酸洗时掌握不好酸洗时间和酸液浓度弯曲件也会开裂。( )

93. 弯曲件,金属的塑性低,则不会产生裂纹。( )

94. 弯曲工艺顺序对弯曲精度没有影响。( )

95. 工艺操作对弯曲件的精度有影响。( )

96. 弯曲变形区域内毛料厚度不变。( )

97. 步冲机的特点是液压传动、低噪声、故障率小、精度高。( )

98. 数控机床所发生的故障均可通过(C)RT 自诊断程序显示的报警序号提示。( )

99. "T2"是含碳量 2.0%的碳素工具钢。( )

100. IT10~IT18 中,IT18 的等级最高。( )

101. 设备运行中如有问题则记录故障原因或现象,故障发生时间,处理措施,故障排除后应记录修复时间,引进和数控设备还要求维修人员在记录上签名确认;如当班无故障发生,则在收工清擦保养后记录"设备运行正常"。( )

102. TCR500R 步冲机由德国通快公司生产,其特点是液压传动、低噪声、故障率小、精度高。( )

103. TCR500R 步冲机工作台的加工范围:2 535 mm×1 280 mm。( )

104. 首件鉴定时,首件鉴定单上填的尺寸为图纸尺寸。( )

105. TCR500R 步冲机加工最大板材厚度:8 mm。( )

106. TCR500R 步冲机最大冲孔直径:76.2 mm。( )

107. TCR500R 步冲机板料的不平整度应不超过 15 mm。( )

108. 折弯机床在不工作时即可进行维修和维护,不用完全关机。( )

109. 当工件弯曲半径小于最小弯曲半径时,对冷作硬化现象严重的材料可采用两次弯曲。( )

110. 当工件弯曲半径小于最小弯曲半径时,对冷作硬化现象严重的材料可进行中间退火工序。( )

111. 不锈钢料件、铝料件与碳钢料架、料箱不能直接接触,需用非金属材料隔开。( )

112. 斜刃冲裁可减少冲裁力。( )

113. 凸、凹模间隙不合理是影响冲裁精度之一。(　　)

114. 整形不属于修正性的成型工序。(　　)

115. 整形后的零件精度比较高,因而整形模具的精度也相应的要求也高。(　　)

116. 翻孔时,采用球形凸模,预冲孔是圆滑的逐渐胀开,对翻边非常有利。(　　)

117. 翻孔时,无预制孔的翻边力和有预制孔的翻边力相同。(　　)

118. 直壁非圆孔的翻边精度比圆孔翻边的精度高。(　　)

119. 根据零件的复杂程度和材料性质,起伏成型可以一次或几次工序完成。(　　)

120. 无导向装置的冲模适合于形状复杂,精度要求高,生产批量大的冲压件。(　　)

121. 用导柱导套结构导向的模具适合于形状简单,精度要求低,生产批量小的冲压件。(　　)

122. 固定挡料销结构简单,使用方便。一般可装在下模的凹模上,也可装在弹性卸料板上。(　　)

123. 弹性挡料销一般用于上模零件不便于开避让孔的情况。(　　)

124. 冲裁模的凸、凹模刃口要保持锋利,用钝后必须及时刃磨。(　　)

125. 冲裁凸、凹模间隙不合理不影响冲裁件精度。(　　)

126. 弯曲模的上、下模角度应该比弯曲件的角度小。(　　)

127. 为保证折弯件的质量,折弯下模 V 形槽的开口宽度一般是折弯件板厚的 3 倍。(　　)

128. 一般的拉弯模不需要凹模,只需要一个凸模就可以了。(　　)

129. 因为加在拉弯模具上的单位压力比一般模具小,因而对模具不要有严格的硬度及耐磨性要求,可采用廉价的材料制造模具。(　　)

130. 模具上导柱、导套的配合一般采用过盈配合。(　　)

131. 翻边凸模圆角半径尽量取大些,最好做出成球形或抛物线形,以利于变形。(　　)

132. 弯曲工序是将平的毛坯压成弯曲的制件。(　　)

133. 确定冲压工序的顺序时,主要应考虑零件的形状尺寸、精度要求及材料厚度的要求。(　　)

134. 工件的最后成型或冲裁工序,应能引起已成型部分的变形。(　　)

135. 选择的工件定位方式,一定要注意冲压操作的方便和安全性。(　　)

136. 步冲机可以按要求自动加工不同尺寸和孔距的不同形状的孔。(　　)

137. 工件上有多个弯曲角时,一般应该先弯外角,后弯内角。(　　)

138. 一般来说,四边都有折弯时,先折短边后折长边,有利于工件的加工和折弯模具的拼装。(　　)

139. 拉弯时的拉弯力应保证工件弯曲时不起皱,回弹小、成型精度高、截面尺寸不超差。(　　)

140. 影响拉弯件质量的主要工艺参数包括拉弯过程中的预拉力、拉伸力、工件变形量等。(　　)

141. 用步冲机成型大尺寸百叶窗、滚筋、滚台阶等,应采用适合的模具单次成形。(　　)

142. 在材料较厚或尺寸较大的工件折弯时,应选择 V 形槽口尺寸较小的下模。(　　)

143. 拉弯模凸模两端圆角半径 R 不宜太小。(　　)

144. 折弯首件过程中完成折弯程序的微调,对首件进行检测,合格后方可批量生产。( )

145. 拉弯前把弧形模板用压板压紧在转台上,把工件放在模板上,须夹紧工件后再开始拉弯。( )

146. 对切割下料的毛坯料压弯时,切入面应与折弯机模具下闸胎或凹模为接触面。( )

147. 弯曲模凹模的圆角半径工作表面不光滑,不会造成弯曲件侧壁的划伤。( )

148. 步冲机模具使用后,应及时放回指定位置,并作涂油防锈处理。( )

149. 折弯机模具用完要及时放回模具架上,并按标识放好。( )

150. 对于数层拼合的拉弯模具,不用经常检查底板与模体固定是否牢靠,螺栓及销钉是否松动。( )

151. 对于有故障或损坏的模具,应及时修理、更换零部件或报废更新。( )

152. 数控程序开始符、结束符书写时要单列一段。( )

153. 现在一般使用字地址可变程序段格式,每个字长不固定,各个程序段中的长度和功能字的个数都是可变的。( )

154. 不管是刀具运动还是工件运动,在编程过程中都假定工件是固定不动的。( )

155. 能否让编程坐标系与工坐标系一致,是数控机床操作的关键。( )

156. TCR500R 步冲机在编程时在输入料件大小后,需要将坯料的某个角设为编程原点。( )

157. TCR500R 步冲机料件运动时所在的平面为 XOZ 平面。( )

158. 折弯机 Y 轴参数的设置决定制件成型的角度。( )

159. 拉弯机数控程序左右必须一致对称。( )

160. 拉弯程序中可以设定机床的初始位置及角度。( )

161. 划针是划圆或划弧、等分线段及量取尺寸的工具。( )

162. 冲压中、小型工件时,可用取料和放料的常用工具有弹性夹钳、钩子、手锤等。( )

163. 冲压工常的夹具有压板、垫块、T 型螺栓、六角螺钉等紧固件。( )

164. 钢直尺是用来测量较小尺寸的。( )

165. 刨削加工的表面有平面、曲面、沟槽、直线形成型面。( )

166. 测量电路中的电流时,电流表应与电路中的负载并联。( )

167. 测量电路中的电压时,电压表应与电路中的负载并联。( )

168. 在测量的环境误差中,温度对测量结果的影响最大。( )

169. 选择较大的测量力,有利于提高测量的精确度和灵敏度。( )

170. 在保证测量精度和测量效率的前提下,能用专用量具的,不用万能量具;能用万能量具的,不用精密仪器。( )

171. 通用标准量具,如卡尺等,无需再进行精度检定。( )

172. 测量器具的分度值与刻度间距都相等。( )

173. 测量器具零位不对准时,其测量误差属于系统误差。( )

174. 用千分尺测外径属于间接测量。( )

175. 使用塞尺时,应根据结合面的间隙情况,合理组合塞尺片,使片数愈少愈好。( )

176. 新从业人员三级安全教育包括厂级、车间级、班组级。（ ）

177. 质量策划明确了质量管理所要达到的目标以及实现这些目标的途径，是质量管理的前提和基础。（ ）

178. 质量检验的实质是事前预防。（ ）

179. 实现全面质量管理全过程的管理必须体现预防为主、不断改进的思想。（ ）

180. 组织必须对每一个重要环境因素制定紧急预案。（ ）

五、简 答 题

1. 简述钢的退火目的。
2. 简述钢的正火目的及与退火的不同点。
3. 简述低碳钢的性能及用途。
4. 简述中碳钢的性能及用途。
5. 简述高碳钢的性能及用途。
6. 数控折弯机有哪些定位方式？
7. 简述数控折弯机开机操作步骤。
8. 简述复位键的作用。
9. 曲柄压力机最大闭合高度、最小闭合高度、连杆调整长度三者之间的关系是什么。
10. 操作者对曲柄压力机离合器部位如何维护保养？
11. 检测压力机的几何精度需要哪些工具检测？
12. 液压系统中换向阀的作用是什么？对其有何要求？
13. 数控机床导轨的润滑目的是什么。
14. 脉冲编码器分为几种？在数控冲床中哪些部位应用？
15. 什么是数字控制？数控机床的驱动装置是怎样工作的？
16. 操作步冲机时操作者应检查刀具的哪些内容？
17. 冲裁力怎样计算？
18. 自由弯曲力与哪些因素有关？
19. 数控机床是由哪几部分组成？
20. 简答冲裁变形共分几个阶段。
21. 为了降低冲裁力可采用哪几种方法？
22. 拉弯的基本原理是什么。
23. 简答型材拉弯的特点。
24. 简述拉弯力与所需模具的特点。
25. 要想拉弯成合乎要求的零件，首先应确定什么？
26. 转臂式拉弯机的优点是什么。
27. 各种弯曲件主要有哪些工艺过程？
28. 简答什么是数控冲床？
29. 什么是最小弯曲高度？
30. 简述间隙小对冲裁力的影响。
31. 简述间隙大对冲裁力的影响。

32. 简答什么是冲压件工艺性。
33. 简答拉延时润滑的作用。
34. 简述冲压件的工艺性对冲压生产的意义。
35. 简答冲裁工序的功用。
36. 冲裁按工序性质分为哪些类型?
37. 简述整形工序的特点。
38. 简述什么是起伏成型。
39. 简述什么是翻孔。
40. 简述模具采用导柱、导套导向的优点。
41. 简述压料板在模具中所起的作用。
42. 简述托料板和托料架的作用。
43. 简述大、中型冲裁模的凸、凹模采用镶拼结构主要优势。
44. 简述拉弯夹头的结构主要特点。
45. 简述模具的定位零件主要用途及其常用种类。
46. 简述确定冲压工序数量的主要依据。
47. 简述什么叫加工余量? 加工余量的选择有什么原则。
48. 简述工艺规程的作用。
49. 简述选用合理的冲裁间隙值的优点。
50. 简述工艺规程制定的原则。
51. 简述造成折弯尺寸出现偏差的主要原因。
52. 简述影响模具使用寿命的主要因素。
53. 简述模具在使用过程中需要注意哪几方面?
54. 简述什么是数控编程中数学处理。
55. 简述数控折弯机的坐标轴。
56. 简述数控折弯机的编程方法。
57. 如何完成大圆弧件折弯编程。
58. 拉弯程序的调整方式有几种? 分别是什么?
59. 简述活扳手和呆扳手的区别。
60. 简述游标卡尺的用途。
61. 简述游标卡尺的读数分几部分,如何读?
62. 简述几何量测量的实质是什么? 完整的测量过程包括哪几个要素?
63. 简述计量器具的示值范围与测量范围的区别。
64. 简述冲裁工序的主要质量检测内容。
65. 简述弯曲工序的主要质量检测内容。
66. 什么是消防“四个能力”?
67. 什么是职业病危害? 职业病危害包括哪些因素?
68. 什么是 5S 管理?

六、综 合 题

1. 叙述灰口铸铁的种类、特性和用途。

2. 叙述钢的回火种类、温度和目的。

3. 叙述调质处理的概念、目的和用途。

4. 用计算法确定折弯力 P_1。(已知:板厚 $S=2$ mm,板料长度 $L=2\ 000$ mm,抗拉强度 $\sigma_b=450$ N/mm^2,下模开口 $V=8\times$板料厚度)

5. 什么叫曲柄压力机滑块行程最大允许断续行程次数,为什么限定最大允许断续行程次数?

6. 试分析剪板机压料缸压不住料的原因。

7. 数控曲柄压力机在模具安装、调整过程中应注意哪些问题?

8. 数控机床上所采用的检测元件有哪些类型? 它们分别用于什么控制?

9. 试叙述拉弯过程。

10. 有一U形弯曲工件,两直边均为100 mm,弯曲半径 $R=50$ mm,材料厚度 $t=4$ mm,计算展开长度是多少(系数取 $X=0.5$)。

11. 冲压工艺有哪些主要工序?

12. 为什么数控机床加工对象适应性强?

13. 步冲机冲裁加工一般有几种加工方式?

14. 提高冲裁精度的措施有哪些?

15. 叙述剖面弯曲时畸变现象产生的原因。

16. 叙述制件弯曲角的大小对质量的影响。

17. 叙述材料的机械性能对最小弯曲半径的影响。

18. 材料为05钢,采用平刃冲裁,要冲一个直径为200 mm的圆孔,板料厚为3 mm,材料抗剪强度 $\tau_0=200$ N/mm^2,求实际冲裁力。

19. 叙述校平模的种类和主要用途。

20. 叙述成型工艺的特点及主要包括哪些工序。

21. 叙述模具按照导向装置可分为哪几种及其适用范围。

22. 叙述模具的常用卸料零件的种类及特点。

23. 叙述冲裁模的凸、凹模刃口粗糙度对模具和工件的影响。

24. 叙述工艺卡片及其主要内容。

25. 叙述确定冲压工序数量的主要依据。

26. 叙述冲裁模间隙不合理易出现哪些问题。

27. 叙述弯曲件的弯曲角产生裂纹的主要原因和防止措施。

28. 叙述影响冲压模具使用寿命的主要因素。

29. 论述零件加工程序的编制过程。

30. 如何校验程序语法、加工轨迹、切削参数制定的合理性?

31. 请描述V75拉弯机数控程序的调整过程。

32. 叙述游标卡尺的使用方法。

33. 叙述常用的安全用电措施。
34. 我国法定计量单位包括哪些内容?
35. 叙述拉深工序的主要质量检测内容。
36. 处理事故的“三不放过”是什么。
37. 结合企业实际,说明开展质量教育培训应注意的问题。

数控冲床操作工(中级工)答案

一、填 空 题

1. 部件图　2. 形状　3. 等于　4. 小于
5. 部分　6. 自由　7. 基本　8. 向视
9. 上方　10. 径向　11. 平行　12. 断开
13. 再加注　14. 左方　15. 厚度　16. 缩短
17. 右上角　18. IT01　19. 相同　20. 基孔制
21. 单一　22. 位置　23. 数字　24. 自动化
25. 伺服系统　26. 辅助　27. 执行元件　28. 永磁铁
29. 编码器　30. 光学　31. 传感器　32. 检测装置
33. 恶劣　34. 右手　35. 笛卡尔　36. 正
37. 参考点　38. 机床　39. 表面　40. 绝对坐标
41. G90　42. 相对坐标　43. 插补　44. 直线或圆弧
45. 自动　46. 程序段　47. 子程序　48. 计算机数控
49. 直线　50. 高　51. 精度　52. M
53. 1952　54. 脉冲　55. 插补　56. 质量分数
57. 大于　58. 破坏　59. 压入　60. 塑性变形
61. 8～650　62. 马氏体　63. 一定温度　64. 机械性
65. 滑块　66. 摩擦块及保持架　67. 密切配合　68. 弹簧
69. 锁固　70. 传动螺纹　71. 梯形　72. 平行轴
73. 清洗或更换　74. 控制部分　75. 方向　76. 油箱液压泵
77. 加油过滤　78. 正向移动　79. 锁住状态　80. 电池
81. 直线型　82. 手动复位　83. 保护　84. 上死点到下死点
85. 停止　86. 毛刺　87. 回弹　88. 弯曲半径
89. 倒成圆角　90. 轴线上　91. 机床　92. 弹性变形
93. 工艺文件　94. 自检合格　95. 检测元件　96. 15 min
97. 弹性回弹　98. 几何尺寸　99. 圆角　100. 精度高
101. 2 535×1 280　102. 8　103. 76. 2　104. 15
105. 表面质量　106. 4　107. 中间退火　108. 双手控制钮
109. 工件表面位置　110. 秒　111. 板材厚度　112. 弯曲半径
113. 斜角　114. 划伤　115. 小于　116. 形状
117. 质量　118. 延伸率　119. 拉裂　120. 钻孔
121. 光滑　122. 一道　123. 弯曲　124. 外形

125. 导柱导套	126. 刃磨量	127. 较厚	128. 板厚
129. 弯曲	130. 通用	131. 断面	132. 压边圈
133. 球形	134. 弯曲半径	135. 形状	136. 相同
137. 长形孔	138. 有	139. 参数	140. 拉力
141. 小冲模	142. 高度	143. 整体	144. 弯曲
145. 一致	146. 均匀	147. 重合	148. 使用寿命
149. 停车	150. 工作	151. 提高	152. 紧固
153. %	154. 一	155. 原点	156. 人机对话
157. 零点	158. 深度	159. 角度	160. 增量模式
161. 划针	162. 钝边	163. 模具	164. 装夹
165. 靠近	166. 距离	167. 精加工	168. 交流表
169. 0.102	170. 真值	171. 随机	172. 被测对象
173. 检测成本	174. 偶然	175. 检定精度	176. 一致
177. 非金属	178. 污染源	179. 寿命	180. 事前预防

二、单项选择题

1. A	2. D	3. C	4. B	5. B	6. C	7. A	8. D	9. A
10. C	11. B	12. D	13. C	14. B	15. D	16. A	17. C	18. B
19. A	20. C	21. B	22. B	23. B	24. A	25. C	26. A	27. D
28. B	29. D	30. A	31. C	32. B	33. D	34. B	35. A	36. D
37. A	38. A	39. B	40. D	41. B	42. D	43. A	44. C	45. A
46. B	47. B	48. B	49. C	50. D	51. A	52. C	53. D	54. A
55. C	56. B	57. A	58. B	59. A	60. C	61. A	62. D	63. D
64. D	65. A	66. C	67. C	68. C	69. C	70. B	71. A	72. A
73. C	74. C	75. C	76. D	77. D	78. B	79. B	80. B	81. C
82. B	83. A	84. C	85. C	86. D	87. C	88. A	89. C	90. A
91. B	92. B	93. A	94. B	95. D	96. D	97. C	98. A	99. C
100. C	101. A	102. D	103. B	104. D	105. A	106. A	107. C	108. D
109. D	110. A	111. C	112. B	113. D	114. D	115. C	116. D	117. B
118. A	119. C	120. D	121. B	122. D	123. C	124. B	125. C	126. B
127. A	128. C	129. C	130. B	131. A	132. D	133. C	134. C	135. A
136. B	137. C	138. D	139. B	140. B	141. B	142. A	143. B	144. B
145. B	146. C	147. A	148. B	149. C	150. D	151. C	152. B	153. C
154. C	155. B	156. B	157. A	158. B	159. C	160. A	161. B	162. D
163. C	164. A	165. D	166. C	167. D	168. D	169. B	170. A	

三、多项选择题

1. ABCD	2. BC	3. AB	4. BCD	5. ACD	6. ABD	7. AC
8. BCD	9. ABD	10. BD	11. ACD	12. ABCD	13. BC	14. BCD
15. ABC	16. AB	17. ABCD	18. ABD	19. BCD	20. ABCD	21. AC
22. ABCD	23. BC	24. BCD	25. ABCD	26. AC	27. AD	28. ABCD
29. ABC	30. AB	31. ABCD	32. ABC	33. BC	34. CD	35. ABC
36. CD	37. BC	38. ABC	39. ABD	40. ABCD	41. ABCD	42. ABC
43. ACD	44. BCD	45. ABCD	46. ABCD	47. ABCD	48. CD	49. AD
50. ABD	51. AB	52. ABC	53. BD	54. ABCD	55. BCD	56. BCD
57. ABD	58. ABCD	59. ABC	60. AB	61. ABCD	62. ABC	63. BCD
64. ACD	65. BC	66. ABDE	67. BC	68. CD	69. AD	70. ABCD
71. AD	72. BC	73. AD	74. ABC	75. CD	76. ABC	77. ABC
78. ABC	79. ABC	80. ABC	81. ABC	82. ABCD	83. ABC	84. ABCD
85. ABC	86. ABCD	87. ABC	88. ABC	89. ABCD	90. ABCD	91. ABCD
92. ABCD	93. ABCD	94. ABCD	95. ABCD	96. AB	97. ABCD	98. ABCD
99. ABCD	100. ABC	101. ABC	102. ABCD	103. ABCD	104. ABCD	105. ABC
106. ABC	107. ABC	108. ABCD	109. AB	110. AB	111. ABCD	112. ACD
113. ABC	114. ACD	115. ABD	116. BCD	117. ABC	118. BC	119. AB
120. ABCD	121. ABC	122. AC	123. AD	124. ABCD	125. BC	126. ACD
127. ABCD	128. ABCD	129. ABC	130. ABCD	131. AB	132. BC	133. AB
134. ABCD	135. ABC	136. ACD	137. ABD	138. ABCD	139. ACD	140. ABCD
141. ABCD	142. AD	143. ABCD	144. ABCD	145. ABCD	146. CD	147. ACD
148. AB	149. ABCD	150. ABCD	151. ABCD	152. ABC	153. ABD	154. AC
155. ABCD	156. ABD	157. BCD	158. ACD	159. ABC	160. ACD	161. BCD
162. ABC	163. ABD	164. ABCD	165. ABC	166. ABCD		

四、判 断 题

1. √	2. ×	3. √	4. ×	5. √	6. ×	7. √	8. √	9. ×
10. √	11. ×	12. √	13. √	14. ×	15. ×	16. √	17. √	18. ×
19. √	20. ×	21. √	22. ×	23. √	24. √	25. √	26. √	27. √
28. √	29. √	30. √	31. ×	32. ×	33. √	34. √	35. √	36. ×
37. √	38. √	39. √	40. √	41. √	42. ×	43. √	44. ×	45. √
46. ×	47. ×	48. √	49. ×	50. √	51. ×	52. √	53. ×	54. √
55. √	56. ×	57. √	58. ×	59. √	60. ×	61. ×	62. ×	63. √
64. ×	65. ×	66. √	67. √	68. ×	69. √	70. ×	71. ×	72. ×
73. √	74. ×	75. √	76. ×	77. ×	78. ×	79. ×	80. √	81. √
82. √	83. ×	84. ×	85. √	86. ×	87. √	88. √	89. ×	90. √
91. √	92. √	93. ×	94. ×	95. √	96. ×	97. √	98. ×	99. ×

100. ×	101. √	102. √	103. √	104. ×	105. √	106. √	107. √	108. ×
109. √	110. √	111. √	112. √	113. √	114. ×	115. √	116. √	117. ×
118. ×	119. √	120. ×	121. ×	122. √	123. √	124. √	125. ×	126. √
127. ×	128. √	129. √	130. ×	131. √	132. √	133. √	134. ×	135. √
136. √	137. ×	138. √	139. √	140. √	141. ×	142. ×	143. √	144. √
145. √	146. √	147. ×	148. √	149. √	150. ×	151. √	152. √	153. √
154. √	155. √	156. √	157. ×	158. √	159. ×	160. √	161. ×	162. ×
163. √	164. √	165. ×	166. ×	167. √	168. √	169. ×	170. √	171. ×
172. ×	173. √	174. ×	175. √	176. √	177. √	178. ×	179. √	180. ×

五、简 答 题

1. 答:钢的退火目的有:(1)调整硬度,便于切削加工(1分);(2)消除残余应力,防止变形和开裂(1分);(3)细化晶粒,提高力学性能(1分);(4)为最终热处理做组织准备(2分)。

2. 答:钢的正火可以细化晶粒,改善加工性能(1分)。正火冷却速度比退火冷却速度稍快(1分),因而正火组织要比退火组织更细一些(2分),其力学性能也有所提高(1分)。

3. 答:低碳钢是指碳的质量分数在0.04%~0.25%的碳素钢(1分)。其强度和硬度较低(1分),塑性和韧性较好(1分),易于锻压、焊接和切削加工(1分),一般轧制成型材、管材、板材或钢带来使用(1分)。

4. 答:中碳钢是指碳的质量分数在0.25%~0.6%的碳素钢(1分)。其热加工及切削性能良好(1分),但焊接性能较差(1分)。因其调质后具有良好的综合性能(1分),所以被广泛用在中等强度要求的各种构件上(1分)。

5. 答:高碳钢是指碳的质量分数在0.6%~2.0%的碳素钢(1分)。其强度和硬度较高(1分),塑性和韧性较低(1分),焊接性能很差(1分),一般用于制作各种刃具、模具和手工工具(1分)。

6. 答:(1)两点定位(0.5分);(2)三点定位(0.5分);(3)倾斜定位(1分);(4)多点定位(1分);(5)点定位(0.5分);(6)辅助垂直侧定位(0.5分);(7)辅助倾斜侧定位(1分)。

7. 答:(1)合上电源开关(1分);(2)电器控制箱机械连锁装置置于"ON"位置(1分);(3)电器控制箱钥匙式按钮打开(1分);(4)启动液压泵电机(1分);(5)合上数控箱电源开关(1分)。

8. 答:每次操作模式被改变,机床安全系统被中断或机床被启动之后,必须按复位控制电路的复位按钮,如此控制电路才可正常工作(2.5分)。复位按钮指示灯亮,提示操作者操作方式被改变,安全系统已被中断,或机床已启动(2.5分)。

9. 答:最小闭合高度=最大闭合高度－连杆调整长度(5分)。

10. 答:(1)定期检查油雾器是否缺油,排除汽水分离器内积水(1分);定期清洗过滤芯(1分)。

(2)定期检查离合器风路、电磁阀不得漏风;开机试运行检查离合器、制动器风阀动作是否匹配(1分)。

(3)检查离合器、制动器摩擦块间隙是否正常,摩擦块不得破碎。

(4)检查各处紧固件不得松动(1分)。

11. 答:检测几何精度的常用工具包括:平尺(1 分)、磁力百分表(2 分)、直角尺(1 分)、塞尺(1 分)。

12. 答:换向阀的作用是利用阀芯和阀体间的相对运动来变换液流的方向,接通或关闭油路,从而改变液压系统的工件状态(2 分)。

对其要求是:液体流经换向阀时压力损失小(1 分);关闭的油口的泄漏量小(1 分);换向可靠,而且平稳迅速(1 分)。

13. 答:导轨润滑的目的是减少摩擦阻力和摩擦磨损(3 分),避免低速爬行(1 分),降低高速时的温升(1 分)。

14. 答:脉冲编码器分为光电式、接触式和电磁感应式三种(2 分)。

在数控冲床中,滑块行程位置控制、滑块闭合高度调整控制、拉深垫行程控制都得到应用(3 分)。

15. 答:用数字化信号对机床运动及其加工过程进行控制的一种方法,简称数控。(2.5 分)

数控机床的进给,是由 CNC 装置发出指令,通过电气或电液驱动装置实现的。(2.5 分)

16. 答:检查刀库与机床刀具表中形状、板厚、刃磨长度,尺寸必须匹配,要保证一致。(5 分)

17. 答:冲裁力可按下式计算:

$$P_0 = Lt\tau_0 \quad (3\text{ 分})$$

式中 P_0——理论冲裁力(N);(0.5 分)

t——被冲材料厚度(mm);(0.5 分)

L——被冲材料周长(mm);(0.5 分)

τ_0——材料的抗剪强度(N/mm^2)。(0.5 分)

18. 答:自由弯曲力与材料的机械性能(1 分)、相对弯曲半径(1 分)、支点距离(1 分)、材料与模具的摩擦系数(1 分)以及弯曲角的大小(1 分)有关。

19. 答:数控机床一般由控制介质(1 分)、数控装置(1 分)、伺服系统(1 分)、测量反馈装置(1 分)和机床主机(1 分)组成。

20. 答:共分三个阶段(2 分):弹性变形阶段(1 分);塑性变形阶段(1 分);断裂阶段(1 分)。

21. 答:可采用斜刃冲裁(1 分)、阶梯凸模冲裁(2 分)或加热冲裁方法(2 分)。

22. 答:拉弯的基本原理是在坯料弯曲的同时加以切向拉力(1 分),改变坯料剖面内的应力分布情况(1 分),使之趋于一致(1 分),以达到减少回弹(1 分),提高制件成型准确的目的(1 分)。

23. 答:型材沿模具被拉弯,全部成型过程是比较稳定的(2.5 分)。断面畸弯或扭曲现象也可基本消除(2.5 分)。

24. 答:拉弯所需的力较少(2 分),模具简单(2 分),制造容易,所以经济效果显著(1 分)。

25. 答:要想拉弯出合乎要求的零件,首先应确定拉弯次数及拉弯力(5 分)。

26. 答:在拉弯过程中,拉弯模固定不动,这样在结构上比较可靠(5 分)。

27. 答:(1)一次弯曲成型(1 分);(2)多次弯曲成型(1 分);(3)对称弯曲成型(1 分);(4)连续弯曲成型(2 分)。

28. 答:数控冲床(也称数控步冲压力机)是计算机控制的高精度高效率的金属板材冲孔和步冲加工设备(2.5 分)。它特别适合用于多品种的中小批量或单件的板材冲压(2.5 分)。

29. 答:最少弯曲高度,即弯曲边的最小尺寸。(5 分)

30. 答:间隙越小(1 分),变形区应力状态中压应力成分越大(1 分),拉应力成分越小(1 分),所以变形拉力提高(1 分),冲裁力也变大(1 分)。

31. 答:冲裁力加大(1 分),间隙越大(1 分)。拉应力成分越大(1 分),变形抗力减少(1 分),冲裁力也小(1 分)。

32. 答:采用冲压工艺制造的零件,对冲压工艺的适应性,即为冲压件的工艺性。(5 分)

33. 答:减少坯料与冲模之间的摩擦,降低材料内应力,从而降低拉延系数和拉延力。(5 分)

34. 答:(1)有利于简化工序(1 分);(2)有利于减少废品(1 分);(3)有利于提高材料利用率(1 分);(4)有利于提高冲模工作部分的使用寿命(2 分)。

35. 答:冲裁是在冲压生产中应用很广泛的工序(1 分),它可用来加工各种形状的零件(1 分),如垫圈、挡圈、各种车辆零件。也可用来为变形工序准备坯料(1 分),还可以对拉延件进行切边(2 分)。

36. 答:主要有以下几种类型:落料;冲孔;切断;切口;剖切;切边;整形;精冲。(每答出 1 点加 1 分,满分 5 分)

37. 答:整形工序的特点是工件变形量很小(1.5 分),只是在局部地方成型(1.5 分)以达到修正的目的(1 分),使其符合零件图的要求(1 分)。

38. 答:起伏成型是在模具作用下(1 分),通过板料局部产生凸起或凹下变形(1.5 分)来改变毛坯或半成品形状(1.5 分)的冲压工艺称为起伏成型(1 分)。

39. 答:翻孔是在毛坯上预先加工孔(1 分)或不预先加工孔(1 分),使孔的周围材料弯曲而竖起凸缘(2 分)的冲压工艺方法(1 分)。

40. 答:优点是导柱、导套导向可靠(1 分),容易保证凸凹模之间的间隙(1 分),冲模安装也比较容易(1 分),使用时不需重新调整凸、凹模间隙(1 分)。

41. 答:压料板是用于压住冲压材料或工序件(2 分),以控制材料合理流动(1 分)或避免局部变形(1 分)、避免料件移动(1 分)的零件。

42. 答:用于扩大下模承料面积(1 分),以保证坯料放置平稳(1 分)、准确定位(1 分)、有利于上下料(2 分)。

43. 答:主要优势是便于锻造(1 分)、便于热处理(1 分)、便于切削加工(1 分)、节省模具材料(1 分)、便于模具维修(1 分)。

44. 答:主要特点:拉弯夹头的断面形状应符合拉弯件的断面形状特点(2 分),拉弯卡头要求夹紧牢固(1.5 分)、打开方便(1.5 分)。

45. 答:定位零件主要用途是用于控制坯料的送进方向(1 分)和送进距离(1 分),确保坯料在冲模中的正确位置(1 分)。常用的主要有固定挡料销(0.5 分)、弹性挡料销(0.5 分)、导正销(0.5 分)、定位板(0.5 分)等。

46. 答:主要依据工件几何形状(1 分)、复杂程度(1 分)、尺寸精度(1 分)、生产批量(1 分)、模具(0.5 分)及冲压设备(0.5 分)等。

47. 答:加工余量是指在加工过程中(1 分),从被加工表面上切除的金属厚度(1 分)。加工余量的选择原则是:在保证加工质量的前提下(1 分)尽量减少加工余量(2 分)。

48. 答:工艺规程是指导生产的主要技术文件(2 分),是生产组织管理(1 分)、计划(1 分)等工作的依据,工艺规程是车间的基本资料(1 分)。

49. 答:优点是:(1)冲裁件质量高(1分);(2)延长模具使用寿命(1分);(3)减少工件毛刺(1分);(4)退料效果好(1分);(5)减小模具带料的可能(0.5分);(6)减小冲孔所需冲裁力(0.5分)。

50. 答:工艺规程制定的原则是优质(1分)、高产(1分)、低成本(1分),即在保证产品质量的前提下(1分),争取最好的经济效益(1分)。

51. 答:主要原因有定位是否准确(1.5分),材料的放置是否偏斜(1.5分),折弯上、下模工作线(面)是否平行(2分)。

52. 答:主要因素有零件产品的数量(1分),模具工作部分材料(1分),模具结构(1分),正常保养和维护(1分)及正确使用(1分)。

53. 答:在设备开启后,首先必须认真检查模具状态(1分),确认合格后开始生产(1分);模具工作时随时检查(1分),发现异常立即停机修整(1分);要定时对模具的各滑动部位进行润滑(0.5分),正确使用操作(0.5分)。

54. 答:根据被加工零件图样(1分),按照已经确定的加工路线和允许的编程误差(2分),计算数控系统所需要输入的数据(2分),称为数学处理。

55. 答:后挡料前后运动为 X 轴(1分),滑块上下运动为 Y 轴(1分),挡子左右运动为 Z 轴(1分),挡子上下运动为 R 轴(1分)。一般的组合有 X 轴、$Y1$ 和 $Y2$ 轴、R 轴、$Z1$ 和 $Z2$ 轴(1分)。

56. 答:数控折弯机的编程方法有图形编程法(1.5分)和语言编程法(1.5分),其中图形编程法又分为二维图形编程法(1分)和三维图形编程法(1分)。

57. 答:当需要将板材折弯成较大圆弧时,可通过在圆弧范围内分多次折弯来实现(3分)。折弯程序分段越多,折弯次数越多,最终制件成型质量越好(2分)。

58. 答:拉弯程序的调整方式有两种(1分),分别是单步调整(2分)和多步调整(2分)。

59. 答:活扳手开口尺寸是可调的(2.5分),呆扳手开口尺寸是固定的(2.5分)。

60. 答:游标卡尺用来测量孔径(2分)、材料厚度(2分)及其他要求较精确的尺寸(1分)。

61. 答:游标卡尺的读数分整数和小数两部分(2分),测量时根据主尺、副尺的移动情况,可在主尺上读出整数(1.5分),在副尺上读出小数(1.5分)。

62. 答:测量的实质是将被测几何量(1分)与作为计量单位的标准量(1分)进行比较,从而确定两者比值(1分)的过程。一个完整的测量过程包括被测对象(0.5分)、计量单位(0.5分)、测量方法(0.5分)和测量精度(0.5分)四个要素。

63. 答:示值范围是指计量器具所显示或指示的最小值到最大值的范围(2分);而测量范围是指在允许的误差限内(1分),计量器具所能测出的最小值到最大值的范围(2分)。

64. 答:冲裁工序主要质量检测内容有:各部尺寸精度(1分)、边缘毛刺高度(1分)、冲裁断面质量(1分),孔边有无翻翘(1分)、有无变形和压痕(1分)。

65. 答:弯曲工序主要质量检测内容有:形状角度是否符合要求(1分),侧壁有无拉毛起皱(1分),前序孔位孔径有无变化(1分),有无缩颈和拉裂现象(2分)。

66. 答:(1)检查消除火灾隐患能力(1分);(2)扑救初起火灾能力(1分);(3)组织疏散逃生能力(1.5分);(4)消防宣传教育能力(1.5分)。

67. 答:职业病危害指对从事职业活动的劳动者可能导致职业病的各种危害(1分)。

职业病危害因素包括:职业活动中存在的各种有害的化学(1分)、物理(1分)、生物因素(1

分),以及在作业过程中产生的其他职业有害因素(1分)。

68. 答:5S是指整理(1分)、整顿(1分)、清扫(1分)、清洁(1分)和素养(1分)。

六、综 合 题

1. 答:灰口铸铁的碳以自由状态的石墨存在(1分),断口呈暗灰色(0.5分),包括灰铸铁(0.5分)、球墨铸铁(0.5分)和蠕墨铸铁等(0.5分)。灰口铸铁的大多数力学性能指标远低于钢(1分),但抗压强度相当于钢(1分),具有良好的铸造性(1分)、减振性(1分)、耐磨性(1分)和可加工性(1分),常用于制造机床的床身、模具的底板、机械的箱壳等(1分)。

2. 答:回火可分为低、中、高温三种(1分)。低温回火的加热温度在150~250℃(1.5分),其目的是降低内应力和脆性,以免使用时崩裂或过早损坏(1.5分);中温回火的加热温度在350~500℃(1.5分),其目的是获得较高的屈服强度、弹性极限和韧性(1.5分);高温回火的加热温度在500~650℃(1.5分),其目的是获得强度、硬度、塑性和韧性都较好的综合力学性能(1.5分)。

3. 答:习惯上将钢经过淬火后再加高温回火的热处理工艺称为调质(2分),其目的是为了获得强度、硬度、塑性和韧性都较好的综合力学性能(2分)。钢的调质广泛应用于各种重要零件,特别是受交变载荷作用的零件(2分),例如连杆、螺栓、齿轮及轴类(2分)。调质后的硬度一般为260 HBW左右(2分)。

4. 答:$P=1.42L\sigma_b S^2/(1\,000V)=1.42\times 2\,000\times 450\times 2^2/(1\,000\times 16)=320$ (kN)(5分)。

在实际应用中,该值应增大10%(2.5分),即实际折弯力为$P_1=1.1P=350$(kN)(2.5分)。

5. 答:所谓最大允许断续行程次数,指的是以单次行程或寸动运转时,断续地反复开动停止压力机操作,每分钟的最大允许行程次数。(5分)

频繁地进行开动停止压力机操作,将使离合器和制动器的工作条件恶化,摩擦件加剧发热和磨损,给安全作业造成障碍,这是非常危险的。(5分)

6. 答:(1)后挡尺角度偏斜反向。(2.5分)

(2)剪刃磨损严重。(2.5分)

(3)剪刃间隙不合适。(2.5分)

(4)回程缸压力过低。(2.5分)

7. 答:(1)平衡缸压力要达到规定值。(1分)

(2)滑块液压保护要正常。(1分)

(3)滑块行程选择开关置于寸动位置。(2分)

(4)工作台底面不得有异物,工作台夹紧到位。(1分)

(5)检查滑块闭合高度显示值与实际值相符。(2分)

(6)滑块闭合高度大于模具闭合高度。(2分)

(7)使用自动调整时的调整量不应小于50 mm。(1分)

8. 答:数控机床上所采用的检测元件有以下类型:旋转变压器、脉冲编码器、绝对值编码器、圆光栅等,一般用于半闭环控制(5分);还有长光栅尺、感应同步尺,用于闭环控制(5分)。

9. 答:拉弯加工常采用将工件夹紧后(1分),首先在平直状态下拉伸(1分),使坯料超过屈服点(1分),此后开始弯曲(1分),直到坯料贴紧胎模为止(1分),并在弯曲过程中,需保持预拉力不变(2分)。最后弯曲终了时,再加大拉力(2分),以便更好地保持弯曲时所获得的弯曲度(1分)。

10. 展开长度 $L=A+B+\pi R+Xt=100+100+3.14\times50+0.5\times4=359$(mm) (9分)

答:展开长度为359 mm(1分)。

11. 答:主要工序:(1)分离工序:使板料或坯料的一部分和另一部分分开或局部分开的加工过程(5分);(2)变形工序:使板状坯料、块状坯料的一部分或全部产生几何形状的变化的加工过程(5分)。

12. 答:在数控机床上改变加工对象时,除了要更换刀具和解决工件装夹方式外(2分),只要重新编写并输入该零件的加工程序(2分),便可以自动加工出新的零件,不必对机床作任何复杂的调整(3分),为新产品的研制开发以及产品的改进、改型提供了方便(3分)。

13. 答:步冲机冲裁加工一般有4种加工方式(2分),即单冲加工(2分)、同方向连续冲裁加工(2分)、多方向连续冲裁(2分)、蚕食加工(2分)。

14. 答:(1)选择合理的间隙(2分);(2)保证凸凹模加工精度(2分);(3)选择弹性变形小的材料(2分);(4)保证机床的精度和模具制造精度(2分);(5)冲裁件尺寸要合理(2分)。

15. 答:弯曲件剖面畸变现象是弯曲时,距离中性层愈远的材料变形阻力愈大(3分),为了减少变形阻力(2分),材料有向中性层靠近的趋向(2分),于是造成了剖面的畸变(3分)。

16. 答:弯曲角如果大于90°,对最小弯曲半径影响不大(4分);如弯曲角小于90°时,则由于外区纤维拉伸加剧(3分),最小弯曲半径就应增大(3分)。

17. 答:塑性好的材料,外区纤维允许变形程度就大(4分),许可的最小弯曲半径就小;塑性差的材料(3分),最小弯曲半径就要相应大些(3分)。

18. 解:$P=1.3P_0=1.3Lt\tau_0=1.3\times3.14\times200\times3\times200=489\ 840$(N)(9分)

答:实际冲裁力为489 840 N(1分)。

19. 答:校平模有平面校平模(2分)和齿形校平模(2分)。平面校平模主要用于材料较薄(1分)、表面不允许有压痕的制件(1分)和平直度要求不高的制件(1分);齿形校平模主要用于厚料(1分)、表面允许有压痕的制件(1分)和平直度要求较高的制件(1分)。

20. 答:成型工艺的特点主要有各种不同性质的局部变形改变毛坯形状(1.5分)、材料主要受拉伸变形(1.5分),易使材料厚度变薄(1.5分)、起皱和破裂(1.5分)。主要包括起伏成型(1分)、翻边(1分)和翻孔(1分)、整形(1分)、校平(1分)等工序。

21. 答:有三种:用导柱导向的冲模(1分);无导向装置的冲模(1分);导板导向的冲模(1分)。用导柱导向的冲模适合于形状复杂,精度要求高,生产批量大的冲压件(3分);无导向装置的冲模适合于形状简单,精度要求低,生产批量小的冲压件(2分);导板导向的冲模适合于薄板料的冲裁(2分)。

22. 答:常用卸料零件有3种:弹性卸料板(2分)、刚性卸料板(2分)、废料切刀(2分)。弹性卸料板的特点由弹簧、橡胶、气垫等提供动力来卸料的活动卸料板(2分);刚性卸料板的特点是固定在下模上,借助滑块回程力来卸料的固定卸料板(1分);废料切刀的特点是固定在拉深件修边模凸模的周边上,通过多个废料圈的传递后,在凹模冲裁力作用下,将底层整圈的废料边切为数段的卸料件(1分)。

23. 答:如果凸、凹模刃口表面粗糙度值小,刃口锋利,工件断面质量好(2分),可以提高制件的质量(1.5分)和模具寿命(1.5分);如果刃口表面粗糙度值大,刃口不锋利,工件会产生毛刺(2分),甚至可能产生显著弯曲(1分),降低制件的质量(1分),加剧凸凹模的磨损(1分)。

24. 答:工艺卡片是按产品零件的某一工艺阶段所编制的一种工艺文件(2分),它以工序为单元(1分),详细说明产品的某一工艺阶段的工序号(1分),工序名称(1分),工序内容(1分),工艺参数(1分),操作要求(1分)以及采用的设备(1分)和工艺装备(1分)等。

25. 答:主要依据是零件的几何形状(1.5分)、复杂程度(1.5分)、尺寸精度要求(1.5分)和材料性质(1.5分),还应该考虑生产批量(1分)、实际制造模具的能力(1分)、冲压设备的条件(1分)以及工艺稳定性(1分)等多种因素的影响。

26. 答:间隙过大或过小都容易在冲头上产生粘连(1分),从而造成冲压时带料(1分);如果间隙过大,所冲压工件的毛刺比较大(2分),工件质量差(1分);如果间隙偏小,工件质量较好(2分),但模具的磨损比较严重(1分),降低模具的使用寿命(1分),容易造成冲头折断(1分)。

27. 答:主要原因是弯曲圆角半径太小(1.5分)、材料纹向与弯曲线平行(1.5分),毛坯料毛刺一面向外(1分)、材料的可塑性差(1分)。主要防止措施为加大弯曲件圆角半径(1.5分)、改变工件排样(1.5分)、毛坯料的毛刺改在弯曲件内侧(1分)、采用可塑性强的材料(1分)。

28. 答:主要因素有:(1)零件的工艺性;(2)板材的机械性能(1分);(3)板材的厚度(1分);(4)产品的数量(1分);(5)模具结构(1分);(6)模具工作部分材料(1分);(7)凸、凹模间隙(1分);(8)模具制造精度(1分);(9)模具的正确使用(1分);(10)模具的正常维护保养(1分)。

29. 答:首先要分析零件图样的要求,确定合理的加工路线及工艺参数(2分),计算刀具中心运动轨迹及其未知数据(2分);然后将全部工艺过程以及其他辅助功能按运动顺序,用规定的指令代码及程序格式编制成数控加工程序(2分);经过调试后记录在控制介质上;最后输入到数控装置中(2分),检验程序并做首件试切(2分)。

30. 答:可以打开常用刀具轨迹动态模拟显示功能页面,自动显示编程出现错误(3分);可采用关闭伺服驱动功能开关空运行检查(2分);也可采用不装刀具、工件自动循环机床的动作过程检查(3分);还可采用以笔代刀自动绘出极为复杂的曲线、曲面轨迹的加工精度检查(2分)。

31. 答:首先将机床控制界面调整到程序界面,将控制按钮打到手动模式(1分),输入授权密码(1分),根据制件的状态及需要调整的位置找到相应的程序段(1分),逐条或批量修改拉伸的位移(2分)及拉伸的角度(2分),还可以调整拉伸的速度(1分),修改完后保存程序(1分),将控制按钮打到自动模式(1分)。

32. 答:游标卡尺的使用方法是使用前检查游标卡尺,主、副尺的零线必须对齐(1分);检查被测零件,应无毛刺(1分);测量时卡脚要放正、不能歪斜(2分);卡脚与被测处的接触力要适当,松紧适度(2分);读数时,将制动螺钉拧紧后取出卡尺(2分);使视线尽可能正对所读刻线(2分)。

33. 答:(1)火线必须进开关(2分);(2)合理选择照明电压(2分);(3)合理选择导线和熔丝(1分);(4)电气设备应有一定的绝缘电阻(1分);(5)电气设备的安装要正确(1分);(6)采用各种保护用具(1分);(7)正确使用移动电具(1分);(8)严禁违章冒险作业(1分)。

34. 答：主要包括：国际单位制的基本单位（1.5 分）；国际单位制的辅助单位（1.5 分）；国际单位制中具有专门名称的导出单位（1.5 分）；国家选定的非国际单位制单位（1.5 分）；由以上单位构成的组合形式的单位（2 分）；由词头和以上构成的十进倍数和分数单位（2 分）。

35. 答：对一般拉深件的检测内容有：拉深成型到位度（1.5 分）；有无起皱、拉裂、缩颈现象等（2.5 分）。对有外观要求的零件还需额外检测的有：表面的平顺度（1.5 分）；有无棱线错位和不清晰（1.5 分）；有无划伤和坑包（1.5 分）；有无滑移线和冲击线等影响外观的因素（1.5 分）。

36. 答：处理事故的“三不放过”原则是指找不出事故原因不放过（3 分），事故责任人和广大职工受不到教育不放过（3 分），没有制定出预防措施不放过（4 分）。

37. 答：开展质量教育培训应注意以下问题：提供培训后没有及时地让员工实践（3 分）；在设计培训内容时缺乏管理层的参与（3 分）；仅依靠讲座的方式进行培训（2 分）；培训中交流不善（2 分）。

数控冲床操作工(高级工)习题

一、填 空 题

1. (　　)图是由两个或两个以上零件组成的组合体的图样。

2. 装配图是表达机器或部件的工作原理和(　　)关系的图样。

3. 图样中的图形与其实物对应要素的(　　)之比,称为图样的比例。

4. 图样中的图形与其实物对应要素的线性尺寸之比(　　)1 的,为放大比例。

5. 将零件的某一部分向(　　)投影面投射得到的视图叫做局部视图。

6. 某向视图的标注方法是,在向视图的(　　)标注大写字母。

7. 局部视图按(　　)图的配置形式配置时,需要标注符号。

8. 必要时允许将斜视图旋转配置,并在视图上方标注旋转(　　)符号。

9. 向视图的常用表达方式是,在相应视图的附近用(　　)指明投射方向。

10. 用三个轴间角均为 120°的坐标轴来确定物体的空间位置而得到的轴测图称为(　　)轴测图。

11. 标注弦长的尺寸界线,应(　　)该弦的垂直平分线。

12. 标注角度时,尺寸线应画成圆弧,其圆心是该角的(　　)。

13. 在机械图样中,角度的数字一律写成(　　)方向。

14. 对于轴、螺杆、铆钉以及手柄的端部,在不致引起误解的情况下,标注尺寸时(　　)符号“S”。

15. 标注剖面为正方形结构的尺寸时,可在正方形(　　)尺寸数字前加注符号“□”。

16. 当需要指明半径尺寸是由其他尺寸所确定时,应用尺寸线和符号“R”标出,但不要注写(　　)。

17. 与投影面倾斜角度小于或等于(　　)的圆或圆弧,其投影可用圆或圆弧代替。

18. 同一表面上有不同的表面粗糙度要求时,须用细实线画出(　　),并注出相应的表面粗糙度代号和尺寸。

19. 公称尺寸是由图样规范确定的(　　)形状要素的尺寸。

20. 公差带相对零线的位置是由(　　)值确定的。

21. 基本偏差为一定的轴的公差带,与不同基本偏差的孔的公差带形成各种配合的一种制度,称为(　　)配合。

22. 表示零件上的点、线、面等要素,相对其理想位置的准确状况的几何公差是(　　)。

23. 配合分基孔制配合与基轴制配合,一般情况下优先选用(　　)配合。

24. 我国政府已充分意识到发展数控技术的重要性,把发展(　　)作为振兴机械工业的重中之重。

25. CNC 装置的(　　)主要是由中央处理单元、各类存储器、输入输出接口、位置控制以及其他各类接口组成。

26. CNC 输入输出接口用于交换数控装置与外界制件的(　　)。

27. PLC 中文名为(　　),是工业控制的核心部分。

28. PLC 的控制中枢是(　　)。

29. 当 PLC 投入运行后,其工作过程一般分为三个阶段,即(　　)用户程序执行和输出刷新三个阶段。

30. PLC 实质是一种专用于工业控制的(　　),其硬件结构基本上与微型计算机相同。

31. CNC 完成插补工作部分的装置或软件称为(　　)。

32. 软件插补器是用(　　)通过软件编程实现。

33. 位置检测装置按检测信号的类型可分为(　　)式和模拟式。

34. 数控机床伺服系统中采用的位置检测装置基本分为(　　)和旋转型两大类。

35. 除位置检测装置以外,伺服系统中往往还包括检测(　　)的元件。

36. 伺服系统位置控制模式一般是通过外部输入的脉冲的频率来确定转动(　　)的大小,通过脉冲的个数来确定转动的角度。

37. 在数控机床的自动换刀系统中,用来实现刀库与机床主轴之间传递和装卸刀具的装置称为刀具(　　)装置。

38. 在数控机床的自动换刀系统中,为了防止刀具滑落,各机械手的手抓都带有(　　)机构。

39. 数控机床按故障的性质分类可分为确定性故障和(　　)故障。

40. 随机性故障是指数控机床在工作过程中偶然发生的故障此类故障的发生原因较隐蔽,很难找出其规律性,故常称之为“(　　)”。

41. 因刀具磨损、重磨而使刀具长度尺寸变化时,若仍用原程序,势必造成加工误差,用刀具(　　)可以解决这个问题。

42. 数控编程方法分为(　　)和自动编程。

43. 自动编程软件编程是利用计算机或编程软件通过(　　)的方式确定加工工件及加工条件自动进行运算及生成指令。

44. 手工编程是指利用一般的计算工具,通过各种数学方法,人工进行(　　)的计算,并进行指令编制。

45. 右手(　　)直角坐标系决定标准机床坐标系中 X、Y、Z 坐标轴的相互关系。

46. 特殊性能铸铁根据用途的不同,可分为(　　)铸铁、耐热铸铁和耐蚀铸铁等。

47. 合金钢是在碳素钢的基础上,为了改善钢的性能,在冶炼时加入了一些(　　)而冶炼成的钢。

48. 铸铁牌号一般用力学性能、化学成分或两种(　　)来表示。

49. 金属材料在无数次交变载荷作用下而不破坏的最大应力叫做(　　)强度。

50. 金属材料在冲击载荷作用下抵抗破坏的能力叫做(　　)。

51. 常用洛氏硬度单位 HRC 的有效测量值范围在(　　)HRC。

52. 退火是将钢加热到一定温度并保温一段时间,然后使它慢慢(　　)冷却来改善性能的热处理方法。

53. 正火是将钢加热到临界温度以上,使钢全部转化为均匀的奥氏体,然后让它在(　　)

自然冷却的热处理方法。

54. 将淬火后的钢再进行(　　)回火的热处理方法称为调质处理。

55. 为了消除大型焊接结构件的内应力,需在焊后进行(　　)处理。

56. 制造形状复杂,尺寸精度要求高,截面尺寸大的凸、凹模时,应选用热处理(　　)小,且淬透性好的模具钢。

57. 键连接可传递运动和(　　)。

58. 顶丝对套类零件起(　　)作用,因此应定期检查不能松动。

59. 弹簧垫圈是一种常用的(　　)零件。

60. 齿轮啮合的基本要求是(　　)压力角相等。

61. 常用的传动方式有电力传动、(　　)传动、液压传动、气动传动。

62. 调整制动器弹簧或更换制动带,可以解决曲轴停止时(　　)位置。

63. 曲柄压力机,当过载消除后,卸荷阀复位,油泵再次向液压垫中供油,压力机随即又可重新工作,这种装置是(　　)。

64. 剪板机的压紧装置压力不足不但影响(　　),而且加剧导轨磨损,甚至刀片折损。

65. 离合器摩擦块过渡磨损可导致(　　)。

66. 制动器摩擦块磨损可导致(　　),要经常检查调整制动器间隙。

67. 压力机的精度一般是在(　　)态条件下测得的。

68. 压力机的精度较低时,如滑块导轨与床身的间隙较大,就会导致冲模的上下模同心度降低,从而使冲模(　　)。

69. 目前压力机的离合器—制动器常用的是盘式和(　　)式摩擦离合器和制动器。

70. 单向阀是(　　)控制阀。

71. 液压换向阀是(　　)。

72. 溢流阀的作用是(　　)。

73. 良好的润滑是设备正常运行的必要保证,必须经常检查电机、油泵、(　　)管路等设施保持完好。

74. 螺纹可分为(　　)、英制螺纹、管螺纹。

75. 计算机数控系统简称(　　)。

76. 热继电器是电器系统的(　　)元件。

77. 在选择工艺方案时,最后成形或冲裁不能引起(　　)的变形。

78. 正确使用冲模,对于冲模的寿命、工作的(　　)和工件的质量等都有很大影响。

79. 冲裁件的形状结构,尺寸大小、公差与基准等应符合冲裁加工的(　　)。

80. 模具凸、凹模间隙过小且工作表面制造粗糙或间隙偏于一侧,冲裁时都能增大卸料力而造成(　　)拨出。

81. 弯曲变形区域毛料厚度(　　)。

82. 弯曲折变处产生裂纹一般发生在纵向上,垂直于折弯线也产生拉裂,一般发生在一些具有明显各向异性的板料或者(　　)的板料。

83. 弯曲变形区 R/t 愈小,变薄现象也愈(　　)。

84. 弯曲件从冲模中取出后,其弯曲角及(　　)与冲模工作部分的尺寸变化,称为弯曲件的回弹现象。

85. 弯曲件应具有良好的工艺性，它能简化弯曲的工艺过程和提高弯曲件(　　)。

86. 弯曲属于使材料发生(　　)的冲压方法，因此弯曲时材料具有永久的变形。

87. R/t 愈小，变形程度(　　)。

88. 弯曲时中性层内移是使作用在板料剖面上力的(　　)。

89. 板料的相对弯曲半径愈小，(　　)现象愈显著。

90. 垂直于折弯线产生拉裂大都发生在一些具有明显(　　)的板料或者具有某种缺陷的板料上。

91. 厚度减薄和变形区长度的增加对薄板弯曲则影响(　　)。

92. 弯曲时外区受拉，所以裂纹基本上是沿着(　　)。

93. TCR500R 步冲机由德国通快公司生产，其特点是(　　)、低噪声、故障率小、精度高。

94. TCR500R 步冲机工作台的加工范围(　　)mm。

95. TCR500R 步冲机加工最大板材厚度：(　　)mm。

96. TCR500R 步冲机最大冲孔直径：(　　)mm。

97. TCR500R 步冲机板料(包括板厚)的不平整度应不超过(　　)mm。

98. 折弯成型时，需要对来料进行检查，主要检查来料的几何尺寸、(　　)及表面质量。

99. 弯曲变形只发生在弯曲件的(　　)附近。

100. 弯曲件直边的高度最小是板厚的(　　)倍。

101. 当工件弯曲半径小于最小弯曲半径时，对冷作硬化现象严重的材料可采用(　　)，并进行中间退火工序。

102. 如果折弯机(　　)不止一个，那么每一个操作者都应有自己的双手控制钮。

103. 折弯机的静止点、制动和安全点是参照(　　)来一一确定的。

104. (　　)是弯曲成型时常见的现象。

105. 折弯成型时，需要对来料进行检查，主要检查来料的(　　)厚度及表面质量。

106. 弯曲变形只发生在弯曲件的(　　)附近。

107. 配合大体分为三类，有间隙配合、过盈配合、(　　)配合。

108. 加工余量分工序余量和(　　)两种。

109. 加工余量按加工表面的形状不同可分为单边余量、(　　)两种。

110. 编制冲压工艺规程要对产品零件进行工艺分析，以确定产品零件是否适合(　　)的特点。

111. 孔的位置靠近弯曲中心线时，应先弯曲后(　　)。

112. 编冷冲压工艺规程时，首先要分析(　　)，分析工艺性是否合理。

113. 冲裁件的形状结构、尺寸大小、尺寸公差与尺寸基准等应符合冲裁加工的(　　)。

114. 精密冲裁是实现高精度、高质量的冲压件的(　　)的方法之一。

115. 拉弯是拉力与(　　)共同作用下实现弯曲变形。

116. 拉弯设备是专用(　　)设备。

117. 成型工艺是指用各种(　　)变形的方式来改变工件或坯料形状的各种加工工艺方法。

118. 采用(　　)模可提高弯曲、拉深、翻边等成型零件的尺寸和形状精度。

119. 翻孔底孔的光洁度直接影响到工件质量，孔边有毛刺存在，易导致翻孔的(　　)。

120. 翻孔变形,主要使材料沿切线方向产生拉伸变形,越接近口部(　　)越大。

121. 翻边是使材料沿(　　)封闭的外凸或内凹曲线弯曲而竖起直边的冲压工艺方法。

122. 起伏成型是使材料(　　)发生拉深而形成部分的凹进或凸出,以改变工件或坯料形状的一种冷冲压方法。

123. 按照工序组合分类,冲压模具分为单工序模、(　　)连续模、多工位模。

124. 按照导向装置分类,冲压模具分为用(　　)导向的冲模、用导板导向的冲模、无导向装置的冲模。

125. 修边模用于将平件、空心件或立体实心件多余的外边(　　)。

126. 切断模用于将材料以不封闭的轮廓(　　),得到平整的零件。

127. 凹模是以(　　)为工作表面,直接作用于坯料形成制件的工作零件。

128. 凸凹模是以内形和(　　)均为工作表面,同时或依次作用于坯料而形成制件的工作零件。

129. 凸、凹模间隙选择不当,直接影响到成型件的成型(　　)。

130. 冲裁模凸模长度的确定,主要根据模具结构需要,凸模强度校核,还应考虑(　　)的需要。

131. 冲裁凸模截面直径与其工作部分长度之比不当,可能造成凸模(　　)。

132. 模具的凸、凹模间隙过小或间隙偏于一侧,冲裁时都能增大卸料力而造成(　　)拔出。

133. 冲裁模凹模和下模板的出料孔应保持同轴、光滑和(　　)扩大,不允许有反锥,以保证废料或工件顺利排出。

134. 对材料较薄或折弯尺寸较小的折弯件,应采用折弯下模 V 形槽口(　　)尺寸。

135. 在折弯成型过程中,上模与工件之间不存在相对滑动,因此上模不易(　　)。

136. 为便于毛坯料流动和防止划伤工件,拉弯模具的两端头应倒成(　　)。

137. 翻孔时,采用球形凸模及抛物线形凸模能减小(　　)力。

138. 拉弯模具的有效工作长度,每侧要(　　)于零件的切割长度。

139. 采用多套模具在多工序分散冲压加工时,应尽选择(　　)尺寸作为定位基准。

140. 在选择工艺方案时,最后成型或冲裁应不能引起已成型部分的(　　)。

141. 步冲机的同方向的连续冲裁是使用(　　)模具部分重叠加工的方式。

142. 步冲机的多方向的(　　)是使用小模具加工大孔的加工方式。

143. 步冲机可用(　　)以步冲方式冲大圆孔、方形孔、腰形孔及各种形状的曲线轮廓。

144. 确定折弯顺序,要保证前工序成形后对后继工序不产生影响或(　　)。

145. 合理确定拉弯成型过程中的工艺(　　)是确保拉弯件尺寸精度的主要因素。

146. 拉弯过程中采用补拉的目的在于减少工件的(　　)。

147. 当弯曲件上的孔距要求不高时可先(　　)后弯曲成型。

148. 按加工表面的形状不同,加工余量可分为单边余量、(　　)余量两种。

149. 步冲机冲裁弧形,可采用(　　),以较小的步距进行连续冲制加工。

150. 折弯机下模 V 形槽的开口尺寸,一般取折弯件板厚的(　　)。

151. 由于折弯机模具种类多,高度也各不相同,所以在折弯长大件时,需采用(　　)高度的模具。

152. 折弯较长、精度要求较高的工件，最好选用单槽的下模，因为单槽下模 V 槽外角 R 较大，不易产生折弯（　　）。

153. 拉弯模具的断面形状应符合工件的（　　）形状特点。

154. 步冲机冲裁模冲孔累积到一定次数以后，如果工件的有较大的毛刺，说明凸模、凹模已钝，此时需要（　　）。

155. 步冲机冲裁模刃口（　　）会引起废料反弹，遇到这种情况必须立即刃磨刃口。

156. 折弯机上模下行至最底部时，必须保证上、下模之间有等于工件（　　）的间隙，否则会对模具和设备造成损坏。

157. 拉弯机模具存放前，模具须（　　），避免生锈。

158. 对于数层拼合的拉弯模具，要经常检查底板与模体（　　）是否牢靠，螺栓及销钉是否松动。

159. 要经常对拉弯卡头的（　　）进行清理，清理异物、擦拭干净，确保使用时卡头夹紧牢固，打开方便。

160. 模具在运输和安装过程中要轻拿轻放，决不允许乱扔乱碰，以免损坏模具的（　　）形面。

161. TCR500R 步冲机模具所在的坐标轴为（　　）轴。

162. TCR500R 步冲机编程方式是操作者（　　）输入参数，系统自动生成数控程序。

163. TCR500R 步冲机模具更换由（　　）自动控制。

164. 折弯机滑块运动方向为（　　）轴。

165. 折弯机后挡料的上下运动为（　　）轴。

166. 折弯机后挡料的左右运动为（　　）轴。

167. 折弯机后挡料的前后运动为（　　）轴。

168. 折弯件的成型角度可以通过调整（　　）轴参数进行调节。

169. 乙型件折弯后两闸线不平行，可以通过调整（　　）轴参数进行调节。

170. 步冲机加工 N 个在一条直线上且等距孔选用的编程模式是（　　）。

171. 铆接的形式有（　　）对接和角接等。

172. 锉刀断面形状的选择应取决于工件加工表面（　　）。

173. 工件定位的作用是通过各种定位元件限制工件的（　　）。

174. 用量具角度尺测量零件的（　　）。

175. 车削加工是在车床上利用工件的（　　）和刀具的移动来加工各种回转体表面的切削加工方法。

176. 电流表是用来测量电路中的（　　）大小的仪表。

177. 压强的基本单位是 Pa（帕），1 MPa＝10^6 Pa＝（　　）kgf/mm^2。

178. 测量误差是指被测量的实际（　　）与其真值之差。

179. 一个完整的测量过程包括：被测对象、计量单位、（　　）和测量精度四个要素。

180. 选择计量器具应遵循的原则有：计量器具的精度等级必须按（　　）的尺寸公差选用。

181. 选择计量器具应遵循的原则有：计量器具的等级在满足精度要求条件下，应尽量选用（　　）且耐用的器具。

182. 用游标卡尺测量长度时,零位未进行校准,由此产生的误差属于(　　)误差。

183. 系统误差又称规律误差,是指在同一条件下多次测量同一量值时,误差值的大小和正负都(　　)的误差。

184. 千分尺是一种精密量具,合适于测量(　　)级精度的零件尺寸。

185. 直接测量是指直接从测量仪表的读数获取(　　)量值的方法。

186.《用人单位职业健康监护监督管理办法》规定,用人单位应当选择由(　　)级以上人民政府卫生行政部门批准的医疗卫生机构承担职业健康检查工作。

187. 对遭受或者可能遭受急性职业病危害的劳动者,用人单位应当及时组织救治、进行健康检查和医学观察,所需费用由(　　)承担。

188. 质量职能是指为了使产品具有满足顾客需要的质量而进行的(　　)的总和。

189. 产品的自然寿命是指产品在规定的使用条件下完成规定功能的(　　)。

190. 过程是一组将(　　)转化为输出的相互关联或相互作用的活动。

191. 在现场5S管理中,整理是指区分必需品与非必需品,再对(　　)加以处理。

二、单项选择题

1. 粗点划线在机械制图中应用于(　　)。

(A)相邻辅助零件的轮廓线　　(B)不可见轮廓线
(C)允许表面处理的表示线　　(D)限定范围的表示线

2. 在机械制图中,通常所说的三视图是指(　　)。

(A)主视图、俯视图和后视图　　(B)主视图、俯视图和左视图
(C)主视图、俯视图和仰视图　　(D)主视图、左视图和右视图

3. 在机械制图中,通常所说的长对正是指(　　)。

(A)主视图的长与左视图的长对正　　(B)主视图的长与右视图的长对正
(C)主视图的长与俯视图的长对正　　(D)主视图的长与后视图的长对正

4. 不属于辅助视图的是(　　)。

(A)左视图　　(B)斜视图　　(C)局部视图　　(D)旋转视图

5. 斜视图是用于表达零件上(　　)结构真实形状的视图。

(A)平行　　(B)倾斜　　(C)垂直　　(D)局部

6. 假想用剖切面将物体某处切断,仅画出该剖切面与物体接触部分的图形,称为(　　)。

(A)横截面　　(B)剖切面　　(C)剖视图　　(D)断面图

7. 用剖切面局部地剖开物体所得到的剖视图称为(　　)。

(A)全剖视图　　(B)旋转剖视图　　(C)局部剖视图　　(D)阶梯剖视图

8. 画在视图轮廓线里面的断面图,称为(　　)。

(A)重合断面图　　(B)剖视图　　(C)局部视图　　(D)移出断面图

9. 在没有特定剖面符号的非金属零件剖视图中,剖面符号采用(　　)以细实线画出。

(A)45°角平行线　　(B)正交网格线
(C)水平平行线　　(D)45°角网格线

10. 正等测轴测图的三个坐标轴的各轴间角均为(　　)。

(A)60°　　(B)100°　　(C)120°　　(D)150°

11. 物体上的直线在轴测投影图上为(　　)。

(A)折线　(B)直线　(C)曲线　(D)点

12. 轴测图中一般只画出物体的可见轮廓,必要时可用(　　)画出物体的不可见轮廓。

(A)细虚线　(B)细实线　(C)细点划线　(D)细双点划线

13. 若干直径相同且成规律分布的孔,可以仅画出其中的一个或几个,其余只需用(　　)或圆心标记表示其中心位置,在零件图中应注明孔的总数。

(A)细实线　(B)细虚线　(C)细点划线　(D)细双点划线

14. GB/T 16675.2—2012 规定,均匀分布的成组要素的简化标注形式为在(　　)。

(A)数量和尺寸数字下方加注"均布"　(B)数量和尺寸数字右侧加注"均布"

(C)数量和尺寸数字下方加注"EQS"　(D)数量和尺寸数字右侧加注"EQS"

15. 在垂直于螺纹轴线的投影面的视图中,表示螺纹牙底圆的细实线只画约(　　)圈。

(A)1/2　(B)2/3　(C)3/4　(D)4/5

16. 不可见螺纹的所有图线都用(　　)绘制。

(A)细实线　(B)细虚线　(C)细双点划线　(D)细点划线

17. 对零件的尺寸规定一个允许变动的范围即尺寸公差,这是为了使零件具有(　　)。

(A)准确性　(B)可加工性　(C)互换性　(D)可检性

18. 标准公差的大小与公差等级有关,国家标准将公差等级分为(　　)级。

(A)20　(B)18　(C)16　(D)15

19. 配合反应的是公称尺寸(　　),相互结合的孔和轴公差带之间的关系。

(A)相差不大　(B)不同　(C)相差较大　(D)相同

20. 相互配合的轴和孔,用孔的尺寸减去轴的尺寸,所得的代数值为(　　)时,这种配合称为过盈配合。

(A)正值　(B)零　(C)负值　(D)任意值

21. 用公差框格标注几何公差时,左侧第一格标注的内容是(　　)。

(A)几何特征符号　(B)几何公差数值

(C)公差基准字母　(D)其他附加符号

22. 几何公差代号"○"代表(　　)。

(A)同轴度　(B)圆度　(C)圆柱度　(D)面轮廓度

23. MDI/CRT 接口主要用于完成(　　)数据输入和将信息显示在 CRT 上。

(A)自动　(B)手动　(C)文件　(D)程序

24. 下面不属于伺服系统驱动元件的是(　　)。

(A)发电机　(B)直流电机　(C)交流电机　(D)步进电机

25. 硬件插补器的优点是(　　)。

(A)运算速度快　(B)灵活性高　(C)易更改　(D)成本低

26. 数控机床中用于测量旋转角度的元件是(　　)。

(A)光栅　(B)磁栅　(C)旋转变压器　(D)行程开关

27. 所谓进给伺服系统的(　　)是指系统的输出量复现输入量的精确程度(偏差),即准确性。

(A)稳定性　(B)适应性　(C)精度　(D)效率

28. 在刀具交换装置中，对机械手的具体要求是动作(　　)准确协调。

(A)优美　(B)简单　(C)迅速可靠　(D)有力

29. 取消刀具补偿应该使用的命令是(　　)。

(A)G40　(B)G41　(C)G42　(D)G43

30. 数控指令中的辅助功能字为(　　)。

(A)G　(B)M　(C)X　(D)Y

31. 数控程序的主体是由若干(　　)组成的。

(A)开始符　(B)结束符　(C)程序名　(D)程序段

32. 数控程序中可作为一个单位来处理的、连续的字组，是数控加工程序中的一条语句的是(　　)。

(A)开始符　(B)结束符　(C)程序名　(D)程序段

33. 进给功能字是(　　)。

(A)G　(B)F　(C)T　(D)S

34. 工件坐标系坐标轴方向与机床坐标系的坐标轴方向保持(　　)。

(A)一致　(B)相反　(C)垂直　(D)平行

35. 一些大型件的局部位置编程时也会用到(　　)，主要是考虑到编程计算的方便。

(A)机床坐标系　(B)工件坐标系　(C)笛卡尔坐标系　(D)局部坐标系

36. 下面属于计算机辅助设计的是(　　)。

(A)CAD　(B)CAE　(C)CAM　(D)CAN

37. 下面属于计算机辅助制造的是(　　)。

(A)CAD　(B)CAE　(C)CAM　(D)CAN

38. CAD/CAM一体化集成，习惯地被称为(　　)，它具有编程速度快，精度高，直观性好，使用简便，便于检查等优点。

(A)手动编程　(B)自动编程　(C)指令编程　(D)软件编程

39. 计算机辅助设计和制造，简称(　　)，指的是以计算机作为主要技术手段，处理各种数字信息与图形信息，辅助完成产品设计和制造中的各项活动。

(A)CAD　(B)CAE　(C)CAM　(D)CAD/CAM

40. 工件坐标系的各坐标轴与机床坐标系相应的坐标轴(　　)。

(A)垂直　(B)平行　(C)重合　(D)相反

41. 花费时间较长、容易出错，编程时间大大高于加工时间的编程方式是(　　)。

(A)手工编程　(B)自动编程

(C)软件编程　(D)CAD\CAM编程

42. 顺时针圆弧插补指令是(　　)。

(A)G00　(B)G01　(C)G02　(D)G03

43. 逆时针圆弧插补指令是(　　)。

(A)G00　(B)G01　(C)G02　(D)G03

44. 直线插补指令是(　　)。

(A)G00　(B)G01　(C)G02　(D)G03

45. 低合金钢是指合金元素的总质量分数在(　　)范围之内的合金钢。

(A)<5% (B)5%～8% (C)8%～10% (D)10%～15%

46. 中合金钢是指合金元素的总质量分数在(　　)范围之内的合金钢。

(A)1%～5% (B)5%～10% (C)10%～15% (D)15%～20%

47. 高合金钢是指合金元素的总质量分数在(　　)范围之内的合金钢。

(A)>5% (B)>10% (C)10%～15% (D)15%～20%

48. 当铸钢牌号采用力学性能表示时，最后一段的数字代表(　　)值。

(A)抗拉强度 (B)屈服强度 (C)抗弯强度 (D)伸长率(%)

49. 下列牌号中，属于优质碳素结构钢的是(　　)。

(A)Q235A (B)T10A (C)45 (D)16MnR

50. 下列牌号中，属于合金工具钢的是(　　)。

(A)55 (B)T8A (C)65Mn (D) Cr12MoV

51. 变形铝及铝合金牌号用四位字符表示，其中第一位阿拉伯数字表示铝及铝合金的组别，按添加的主要合金元素不同划分为(　　)个组和一个备用组。

(A)5 (B)6 (C)7 (D)8

52. 相同牌号的铝及铝合金，状态不同时，力学性能也不相同。国标规定的表示固溶处理后进行人工时效状态的代号是(　　)。

(A)T4 (B)T5 (C)T6 (D)O

53. 金属材料牌号 HNi65－5 表示的是(　　)金属。

(A)普通黄铜 (B)特殊黄铜 (C)普通白铜 (D)特殊白铜

54. 深冲压用冷轧薄钢板，在 GB/T 5213—2008《冷轧低碳钢板及钢带》中，按表面质量分为(　　)组。

(A)1 (B)2 (C)3 (D)4

55. 冲压所用的金属材料，表面质量应光洁、(　　)无缺陷、无损伤。

(A)平整 (B)光滑 (C)光亮 (D)整齐

56. 冲压所用金属板材的厚度公差应符合(　　)标准。

(A)企业 (B)省级 (C)部级 (D)国家

57. 滑移齿轮采用(　　)连接。

(A)普通平键 (B)半圆键 (C)花键 (D)螺纹

58. 机床停止按钮通常为(　　)颜色。

(A)红 (B)绿 (C)黄 (D)黑

59. 安装模具时选择开关应在(　　)位置。

(A)单次 (B)寸动 (C)连续 (D)任意

60. 油雾器是为了得到(　　)的压缩空气，所必需的一种基本元件。

(A)有润滑 (B)洁净干燥 (C)稳定压力 (D)方向一定

61. 分水滤气器是为了得到(　　)的压缩空气，所必需的一种基本元件。

(A)有润滑 (B)洁净、干燥 (C)稳定的压力 (D)方向一定

62. 曲柄压力机八面调节导轨比四面调节导轨导向精度(　　)。

(A)高 (B)低 (C)一样 (D)不能相比

63. 一般压力机的导轨应用最普遍是(　　)。

(A)静压导轨 (B)滚针导轨 (C)滑动导轨 (D)滚动导轨

64. 普通水平仪处在水平位置时，气泡应在(　　)位置。

(A)玻璃管中间 (B)气泡偏离玻璃管中间的某一位置

(C)玻璃管的最低点 (D)直到看不见气泡为止

65. 选择压力机时，压力机的公称压力应(　　)确定出的缓冲器与顶件装置的顶力和冲压工序所需力的和。

(A)大于 (B)小于 (C)等于 (D)大于2倍

66. 调节分油器供油量，可以解决(　　)。

(A)各润滑点供油不均 (B)润滑油不能供到润滑点

(C)经常转动油杯盖 (D)管路堵塞现象

67. 在机床控制电路中，不起失压保护的电器是(　　)。

(A)交流接触器 (B)自动空气开关

(C)熔断器 (D)欠电压分断器

68. 在机床控制电器中，起过载保护的电器是(　　)。

(A)熔断器 (B)热继电器 (C)交流接触器 (D)时间继电器

69. 从电网向工作机械的电动机供电的电路称为(　　)。

(A)动力电路 (B)控制电路 (C)信号电路 (D)保护电路

70. 数控机床坐标系，X轴是由(　　)代表。

(A)右手拇指 (B)左手拇指 (C)右手中指 (D)左手中指

71. 折弯机工作结束后应将滑块停在什么位置(　　)。

(A)滑块上死点 (B)滑块下死点

(C)停在下模上 (D)停在中间位置

72. 开机接通电源后，要先启动(　　)和模具液压夹紧油泵。

(A)风扇 (B)电机 (C)光电保护装置 (D)操作系统

73. 曲柄压力机工作结束后应将滑块停在(　　)。

(A)滑块上死点 (B)滑块下死点

(C)停在下模上 (D)停在中间位置

74. 剪板机剪切下料产生扭曲的可能原因是(　　)。

(A)剪刃磨损 (B)剪切角过大

(C)剪切角过小 (D)挡尺精度差

75. 工作台的挠度f取决于(　　)。

(A)压力 (B)载荷 (C)压强 (D)以上均不对

76. 程序运行过程中如果出现故障，应立即(　　)。

(A)关闭电源 (B)按进给暂停键 (C)继续加工 (D)不作处理

77. 精密冲裁比采用其他的加工方法，其成本(　　)，并且自动化程度高。

(A)显著增高 (B)显著降低 (C)基本相同 (D)略有增高

78. 弯曲件的弯曲半径与材料厚度的比值增大，回弹将(　　)。

(A)增大 (B)减少 (C)不变 (D)或大或小

79. 拉弯加工适用于(　　)。

(A)较短的工件 (B)长度较大工件 (C)板料较厚的工件 (D)平板工件

80. 剪切毛刺大小与(　　)无关。

(A)剪切间隙 (B)剪刃锋利度 (C)材料硬度 (D)板材宽度

81. 拉弯时只需要(　　)。

(A)不需要模具 (B)凹模

(C)凸模 (D)需要凸、凹模

82. 拉弯时材料利用率(　　)。

(A)较低 (B)较高 (C)百分之百利用 (D)只利用 50%

83. 拉弯时(　　)。

(A)可用人力敲击 (B)可用大锤敲打 (C)可用木锤敲打 (D)不能敲打

84. 弯曲件的弯曲半径过大会产生(　　)。

(A)拉裂 (B)回弹 (C)滑动 (D)成型不良

85. 弯曲件的直边高度,不应小于工件厚度的(　　)倍。

(A)0.5 (B)1 (C)2 (D)5

86. 制件断面光亮带太宽,有齿状毛刺是(　　)。

(A)冲裁间隙太大 (B)冲裁间隙太小 (C)间隙合适 (D)材质太硬

87. 制件断面粗糙,圆角大,光亮带小,有拉长毛刺是(　　)。

(A)冲裁间隙不均匀 (B)冲裁间隙太小

(C)冲裁间隙太大 (D)材质太软

88. 数控机床加工精度一般在(　　)mm 之间。

(A)0.005～0.100 (B)0.001～0.01 (C)0.05～0.1 (D)0.1～1.0

89. 冲压加工能达到(　　)的公差等级。

(A)2～5 级 (B)5～10 级 (C)8～12 级 (D)10～14 级

90. 精密冲裁比采用其他的加工方法,其成本显著降低,并且(　　)程度高。

(A)显著增高 (B)自动化 (C)基本相同 (D)略有增高

91. 凸、凹模间隙(　　)会使精冲毛刺过大。

(A)过小 (B)合理

(C)均匀 (D)凸模进入凹模太浅

92. 精冲件的材料要有较高的(　　)指标,才能获得最好的精冲效果。

(A)弹性 (B)塑性 (C)韧性 (D)硬度

93. 负间隙精冲属于半精件,又称光洁冲裁,其特点是凸模直径(　　)凹模形孔直径。

(A)大于 (B)小于

(C)等于 (D)等于或略小于

94. 不适于冷冲的非金属材料是(　　)。

(A)纤维材料 (B)弹性材料

(C)厚度小于 1 mm 的脆性材料 (D)厚度大于 1 mm 的脆性材料

95. 用游标卡尺或千分尺测量工件的方法叫(　　)。

(A)直接测量 (B)间接测量 (C)相对测量 (D)动态测量

96. 折弯机的静止点、制动和安全点是参照工件(　　)位置来一一确定的。

(A)立面　(B)形状　(C)表面　(D)以上均不对

97. 弯曲件直边的高度是板厚的(　　)倍。

(A)2　(B)3　(C)4　(D)5

98. 根据企业标准，全长弯曲和扭曲小于等于(　　)。

(A)1 mm/m　(B)2 mm/m　(C)3 mm/m　(D)4 mm/m

99. 模具的压力中心是(　　)作用点。

(A)模具形状　(B)冲裁力合力　(C)工件对称中心　(D)机床

100. 冲裁件的外形及内孔转角，均应设计成圆角，其最小圆角半径应大于或等于(　　)倍板厚。

(A)0.1　(B)0.2　(C)0.5　(D)2

101. 冲裁件的孔径不能过小，其最小孔径与孔的形状和材料的厚度有关，一般软钢圆孔的最小孔径应为(　　)倍板厚。

(A)0.5　(B)1　(C)2　(D)3

102. 弯曲件的弯曲半径过大会产生(　　)。

(A)拉裂　(B)回弹　(C)滑动　(D)成型不良

103. 弯曲件的直边高度，不应(　　)工件厚度的4倍。

(A)大于　(B)等于　(C)小于　(D)以上均不对

104. 冲压生产是指在压力机的作用下，利用模具使材料产生局部或整体(　　)，以实现分离或成型。

(A)弹性变形　(B)塑性变形　(C)破坏　(D)屈服

105. 在工件上有两个直径不同的孔，而且其位置又较近，应(　　)。

(A)先冲大孔　(B)先冲小孔　(C)同时冲　(D)只冲一孔

106. 选择定位基准时，应尽可能使定位基准与(　　)相重合。

(A)安装定位　(B)操作方便

(C)设计基准　(D)零件较宽的面

107. 冲裁件上出现较厚拉断毛刺原因是(　　)。

(A)间隙过大　(B)间隙过小　(C)间隙正常　(D)间隙偏

108. 为了增加冲模寿命，每次刃磨量应为(　　)mm。

(A)0.05～0.1　(B)0.1～0.15　(C)0.15～0.20　(D)0.20～0.5

109. 弯曲时在缩短与伸长两个变形区域之间有一层长度始终不变称为(　　)。

(A)不变区　(B)变形区　(C)中间层　(D)中性层

110. V形件自由弯曲(　　)不采用。

(A)小型精密件　(B)精度要求不高的件

(C)大中型工件　(D)一般厚度工件

111. U形件弯曲会产生偏移现象，是由于(　　)产生。

(A)材料机械性能　(B)弯曲模具角度

(C)摩擦力　(D)压力机的力量

112. 对弯曲件擦伤影响最大的原因是(　　)。

(A)工件的材料　(B)模具材料

(C)间隙　(D)模具凹模圆角

113. 拉弯属于(　　)工序。

(A)弯曲　(B)拉延　(C)挤压　(D)成型

114. 零件在外力作用下抵抗破坏的能力称为(　　)。

(A)刚度　(B)强度　(C)硬度　(D)弹性

115. 工件在弯曲变形时,易产生裂纹,此时可采用热处理方法(　　)解决。

(A)调质　(B)淬火　(C)回火　(D)退火

116. 指导工人操作和用于生产,工艺管理的各种技术文件是(　　)。

(A)工艺过程　(B)工艺文件　(C)工艺路线　(D)工艺规程

117. 成型的极限变形程度主要受材料的(　　)大小影响。

(A)抗拉强度　(B)屈服极限　(C)延伸率　(D)冲击韧性

118. 翻孔时,采用先钻孔再翻边,可以(　　)。

(A)降低变形程度　(B)提高变形程度

(C)加大毛刺　(D)增大翻边系数

119. 实质上压缩类曲面翻边的应力状态和变形特点和(　　)是完全相同的。

(A)拉深　(B)冲孔　(C)胀形　(D)缩口

120. 内孔翻边又称(　　)。

(A)压缩翻边　(B)伸长翻边　(C)挤压翻边　(D)胀形翻边

121. 材料的极限延伸率不能满足一次成型的要求,则说明不能(　　)压成,必须增加工序逐步压出。

(A)一次　(B)两次　(C) 三次　(D) 多次

122. 整形的作用是将经过(　　)拉深等工序后的零件校正成要求的形状和尺寸。

(A)修边　(B)弯曲　(C)落料　(D)冲孔

123. 复合模是只有(　　)工位,在压力机的一次行程中,在同一个工位上同时完成两道或两道以上冲压工序的模具。

(A)一个　(B)两个　(C)三个　(D)更多工位

124. 能实现无废料、少废料的冲裁模具形式是(　　)。

(A)复合模　(B)连续模　(C)冲孔模　(D)落料模

125. 活动挡料销通常与(　　)安装在一起,使挡料销可作轴向移动,便于操作。

(A)推销　(B)螺钉　(C)柱销　(D)弹簧

126. 一般模具的导柱通常安装在模具的(　　),并尽可能远离上、下料的操作范围。

(A)托料板　(B)卸料板　(C)下模板　(D)压料板

127. 模具的卸料零件包括刚性卸料板、(　　)和废料切刀等。

(A)定位板　(B)弹性卸料板　(C)托料板　(D)固定板

128. 在冲裁过程中,有时发现废料或工件回升与(　　)无关。

(A)凹模刃口工作部分过长　(B)刃口成倒锥形

(C)润滑太多　(D)凸凹模高度

129. 选用材料 Cr12MoV 制作冲裁模凸模,其热处理硬度要求达到(　　)。

(A)28～32 HRC　(B)38～42 HRC

(C)48～52 HRC (D)58～62 HRC

130. 为增加冲裁凸模强度,冲制小孔的凸模非工作部分尺寸应做成(　　)的形式。

(A)骤然缩小 (B)骤然增大 (C)逐步缩小 (D)逐步增大

131. 对于冲裁模凸、凹模形状复杂、淬火变形大,应选用(　　)制作。

(A)Cr12MoV (B)T10 (C)T10A (D)T8A

132. 选用材料 Cr12MoV 制造冲裁模凹模,其热处理硬度要求达到(　　)。

(A)30～34 HRC (B)40～44 HRC

(C)50～54 HRC (D)60～64 HRC

133. 形状简单、寿命要求不高的凸模可选用(　　)材料制造。

(A)45 (B)65Mn (C)Cr12MoV (D)T10A

134. 形状复杂、寿命要求较高的凸模可选用(　　)材料制造。

(A)45 (B)65Mn (C)Cr12MoV (D)T10A

135. 在折弯工件和模具发生干涉时,通常采用(　　)上模来解决。

(A)直形 (B)弯形 (C)端部尖形 (D)端部圆形

136. 通常折弯机模具可用 T10、42CrMo 等材料制作,硬度为(　　)左右。

(A)60 HRC (B)50 HRC (C)30 HRC (D)20 HRC

137. 圆孔翻边凸模和凹模之间的间隙,一般可控制在(0.75～0.85)δ,δ 为材料厚度,这样使直壁稍为(　　)以保证竖边成为直壁。

(A)变厚 (B)变薄 (C)没有变化 (D)出现裂纹

138. 落料时,其刃口尺寸计算原则是先确定(　　)。

(A)凹模刃口尺寸 (B)凸模刃口尺寸

(C)凸、凹模间隙 (D)凸、凹模公差

139. 拉弯工序成形方法回弹小,可得到形状精度(　　)的制件,非常适合轨道客车中钢结构车顶弯梁类构件的弯曲成型。

(A)一般 (B)较高 (C)较低 (D)较差

140. 工件上所有的孔,只要在尺寸精度要求允许的情况下,都应在(　　)上先冲出。

(A)拉延后工件 (B)弯曲后工件 (C)成型后工件 (D)平面坯料

141. 冲压件在几何形状、尺寸大小、精度要求等诸方面是否能符合冲压加工的工艺要求是(　　)。

(A)冲压件的工艺性 (B)冲压模具的设计要求

(C)冲压生产的优点 (D)对冲压设备的要求

142. 在冲压加工过程中选择定位基准时,应尽可能使工件的定位基准和(　　)基准重合。

(A)加工 (B)设计 (C)测量 (D)验收

143. 编制冲压工艺规程的准则是保证冲压件最终达到(　　)要求,并且符合经济合理的要求。

(A)产品图纸 (B)工序图 (C)展开图 (D)排样图

144. 步冲机冲长形孔的加工方式是(　　)。

(A)单冲 (B)单次成型

(C)多方向的连续冲裁　　(D)同方向的连续冲裁

145. 对于局部圆弧半径很小的拉弯件，预拉力应随着弯曲到小的圆弧半径处而相应(　　)，否则工件会在该处拉断。

(A)不变　　(B)减小　　(C)增加　　(D)提高

146. 步冲机冲裁采用(　　)能减少毛刺，提高工件质量和模具寿命高。

(A)小间隙　　(B)合理间隙　　(C)大间隙　　(D)无间隙

147. 对于深窄形零件折弯时制件与胎具干涉现象，采用(　　)是解决该问题的方法之一。

(A)直胎　　(B)尖角胎　　(C)弯胎　　(D)圆角胎

148. 一般根据(　　)或工序卡的要求，选择合适的拉弯机模具。

(A)安全操作规程　　(B)工序图　　(C)工艺规程　　(D)产品图

149. 在安装调整冲裁模时，应确保上、下模吻合时模具间隙(　　)。

(A)很小　　(B)很大　　(C)不均匀　　(D)均匀

150. 导致冲裁件出现剪切断面的圆角太大，甚至出现拉长的毛刺的主要原因是(　　)等。

(A)冲裁间隙太大　　(B)冲裁间隙太小　　(C)卸料力太大　　(D)卸料力太小

151. 尽量(　　)弹性恢复量是选择拉弯工艺参数的重要依据之一。

(A)不变　　(B)提高　　(C)增大　　(D)减小

152. 冲裁工序不包括(　　)等工序。

(A)落料　　(B)弯曲　　(C)冲孔　　(D)切断

153. 在冲裁时，若在冲裁件断面四周产生高度不齐的毛刺，主要是由凸、凹模(　　)原因造成的。

(A)间隙局部不一致　　(B)间隙过大　　(C)间隙过小　　(D)负间隙

154. 在冲压过程中冲裁件的毛刺越来越大，主要原因是(　　)。

(A)顶出器过短　　(B)凸、凹模刃口不锋利

(C)卸料板倾斜　　(D)定位精度差

155. 折弯机上模工作部分经多次磨修后，(　　)不能满足使用要求，不能用于生产。

(A)硬度　　(B)粗糙度　　(C)刚度　　(D)强度

156. 折弯机模具经多次磨修，其(　　)已超过设备使用范围，不能用于生产。

(A)材料　　(B)形状　　(C)结构　　(D)外形尺寸

157. 当折弯机模具工作部分磨损严重，影响折弯件(　　)时，应及时进行维修。

(A)强度　　(B)刚度　　(C)质量　　(D)硬度

158. TCR500R 步冲机工件在(　　)平面内运动。

(A)*XOY*　　(B)*YOZ*　　(C)*XOZ*　　(D)*XYZ*

159. 长大件折弯时，如果制件两端角度合格，中间角度不足时应增大(　　)。

(A)角度补偿　　(B)位移补偿　　(C)挠度补偿　　(D)速度补偿

160. 折弯机后挡料部分水平角度差值的范围是(　　)。

(A)0°～30°　　(B)0°～60°　　(C)0°～90°　　(D)0°～180°

161. 用步冲机通过轮廓加工方式不能加工的是(　　)。

(A)圆孔　　(B)方孔　　(C)长圆孔　　(D)椭圆孔

162. 用步冲机加工直径为 300 mm 的圆孔有(　　)种编程方式。
(A)一　(B)二　(C)三　(D)四
163. 折弯制件成型角度不足时应调整的参数是(　　)。
(A)X　(B)Y　(C)Z　(D)R
164. 折弯件定位边到闸线尺寸有问题时需要调整的参数是(　　)。
(A)X　(B)Y　(C)Z　(D)R
165. 当角形弯梁拉弯件小弧处出现轻微褶皱时,可以通过(　　)小弧处拉伸量来解决。
(A)增大　(B)减小　(C)保持不变　(D)随意调整
166. 数控折弯机在加工长大件时,如果成型角度不合适需要调整的参数是(　　)。
(A)X　(B)Y　(C)Z　(D)挠度补偿
167. 折弯程序中挡料部分板料长度是指(　　)到后挡料之间的板料长度。
(A)机床中心　(B)模具前端面　(C)模具中心　(D)模具后端面
168. 在满足零件性能的前提下,应该选用可焊性较好的材料来制造(　　)结构件。
(A)焊接　(B)胶接　(C)铆接　(D)搭接
169. 为增大力臂,保证工件夹紧可靠,压板和螺栓应(　　)。
(A)尽量靠近垫铁　(B)尽量靠近工件加工部件
(C)远离靠近垫铁　(D)远离工件和加工部件
170. 游标卡尺的单位是(　　)。
(A)m　(B)cm　(C)mm　(D)dm
171. 用量具(　　)测量 90°角度尺寸。
(A)卷尺　(B)游标卡尺　(C)直角尺　(D)钢直尺
172. 用压板压紧模具时,垫块的高度应(　　)压紧面。
(A)稍低于　(B)稍高于　(C)尽量低　(D)尽量高
173. 车间内移动照明灯具的电压应选用(　　)。
(A)380 V　(B)220 V　(C)110 V　(D)36 V
174. 测量两个结合面之间的间隙大小时,用(　　)。
(A)卷尺　(B)塞尺　(C)游标卡尺　(D)直尺
175. 在国际单位制中,质量的基本单位是(　　)。
(A)g　(B)mg　(C)kg　(D)t
176. 国标规定在基本单位前加(　　)词头来表示其 10^6 的倍数关系。
(A)k　(B)M　(C)G　(D)T
177. 在平面角的度量中,国际单位制的辅助单位“弧度”与国家选定的非国际单位制的“度”的换算关系是(　　)。
(A)$1°=(\pi/180)$rad　(B)$1°=(\pi/90)$rad
(C)$1°=(\pi/270)$rad　(D)$1°=(\pi/360)$rad
178. 半径为 R,圆心角的弧度值为 θ 的圆弧长度的计算公式为(　　)。
(A)$L=R\theta$　(B)$L=R\theta/2$
(C)$L=\pi R\theta/180$　(D)$L=\pi R\theta/360$
179. 半径为 R 的半圆形的周长计算公式为(　　)。

(A)$\pi R/2$ (B)πR (C)$2\pi R$ (D)$(\pi+2)R$

180. 半径为 R 的圆形的面积计算公式为(　　)。

(A)$4\pi R^2$ (B)$2\pi R^2$ (C)πR^2 (D)$\pi R^2/2$

181. 已知底边长度 b 和高度 h 的任意三角形的面积计算公式为(　　)。

(A)$bh/4$ (B)$bh/2$ (C)bh (D)$2bh$

182. 已知上底边长 a_1、下底边长 a_2 和高度 h 的任意梯形的面积计算公式为(　　)。

(A)$4(a_1+a_2)h$ (B)$2(a_1+a_2)h$

(C)$(a_1+a_2)h$ (D)$(a_1+a_2)h/2$

183. 三个边长均为 a 的等边三角形的面积计算公式为(　　)。

(A)$a^2/2$ (B)$\sqrt{3}a^2/4$ (C)a^2 (D)$2a^2$

184. 劳动防护用品必须具有"三证",不属于"三证"的是(　　)。

(A)安全鉴定证 (B)生产许可证 (C)检验合格证 (D)产品合格证

185. 为满足 ISO 14001 环境管理体系标准,当识别环境因素时应考虑(　　)。

(A)组织的环境管理体系覆盖范围内的活动、产品和服务

(B)组织能够控制或能施加影响的环境因素

(C)已纳入计划的或新的开发、新的或修改的活动、产品和服务

(D)所有上述答案

186. 用人单位必须采用有效的职业病防护措施,并为劳动者提供个人使用的(　　)。

(A)劳动保护用品 (B)安全防护用品

(C)劳动防护用品 (D)职业病防护用品

187. 用人单位的主要负责人和职业卫生管理人员应当接受(　　)培训,遵守职业病防治法律、法规,依法组织本单位的职业病防治工作。

(A)技术 (B)技能 (C)职业卫生 (D)安全

188. 用人单位应当为劳动者建立(　　)档案,并按照规定的期限妥善保存。

(A)员工健康检查 (B)职业健康监护

(C)定期健康检查 (D)职业健康体检

189. 安全出口的门应该向(　　)侧开启。

(A)内 (B)外 (C)左 (D)右

三、多项选择题

1. 粗实线在机械制图中一般应用于(　　)。

(A)可见棱边线 (B)可见轮廓线 (C)剖切符号用线 (D)相贯线

2. 细双点划线在机械制图中一般应用于(　　)。

(A)相邻辅助零件的轮廓线 (B)轴线

(C)成型前坯料的轮廓线 (D)中断线

3. 双折线在机械制图中一般应用于(　　)。

(A)相邻辅助零件的轮廓线 (B)断裂处的边界线

(C)视图与剖视图的分界线 (D)中断线

4. 在零件图的标题栏中,可以查看到图样的(　　)等信息。

(A)版本号　(B)设计者　(C)批准者　(D)更改记录

5. 剖视图按剖切面的数量和角度不同可分为(　　)。

(A)阶梯剖视图　(B)旋转剖视图　(C)复合剖视图　(D)全剖视图

6. 最常用的轴测投影法有(　　)。

(A)正等测　(B)斜等测　(C)正二测　(D)斜二测

7. 在机械制图尺寸标注中,图形的(　　)也可作为尺寸界线。

(A)剖切位置线　(B)对称中心线　(C)轮廓线　(D)轴线

8. 完整的焊缝表示方法除了基本符号、辅助符号、补充符号以外,还包括(　　)。

(A)指引线　(B)焊接方法符号

(C)尺寸符号及数据　(D)焊缝强度要求

9. 表示焊缝表面形状特征的辅助符号主要有(　　)。

(A)凹面符号　(B)平面符号　(C)曲面符号　(D)凸面符号

10. 表面粗糙度符号、代号一般注在(　　)或它们的延长线上。

(A)可见轮廓线　(B)引出线　(C)尺寸界线　(D)轴线

11. 标注在(　　)或它们的延长线上的表面粗糙度符号的尖端必须从材料外指向表面。

(A)引出线　(B)可见轮廓线　(C)尺寸线　(D)尺寸界线

12. 装配图一般包含的内容有(　　)、零件序号、明细表和标题栏。

(A)文字说明　(B)一组视图　(C)必要的尺寸　(D)技术要求

13. 形状公差是指单一实际要素所允许的变动全量,包括有(　　)等六个项目。

(A)直线度　(B)平面度　(C)平行度　(D)圆柱度

14. 位置公差是指关联实际要素的位置对基准所允许的变动全量,包括有(　　)等八个项目。

(A)位置度　(B)垂直度　(C)对称度　(D)同轴度

15. 不适用于 GB/T 1804—2000 一般公差标准的未注公差尺寸有(　　)。

(A)矩形框格内的理论正确尺寸　(B)机加工组装件的线性和角度尺寸

(C)括号内的参考尺寸　(D)其他一般公差标准涉及的线性和角度尺寸

16. 当采用 GB/T 1804—2000 标准规定的一般公差时,应在图样的技术要求或其他工艺文件中用(　　)标注出所选用的标准和公差等级代号。

(A)GB/T 1804—f　(B)GB/T 1804—m

(C)GB/T 1804—c　(D)GB/T 1804—v

17. 下列尺寸标注常用符号和缩写词正确的是(　　)。

(A)厚度——t　(B)45°倒角——C

(C)均布——EQC　(D)球半径——SR

18. 在零件图中为清晰表达机件,常要运用(　　)和简化画法等各种表达方法。

(A)示意图　(B)各种视图　(C)剖视图　(D)断面图

19. (　　)是国标 GB/T 1800.1—2009 中定义的配合类型的标准名称。

(A)滑动配合　(B)过渡配合　(C)过盈配合　(D)间隙配合

20. 移出断面和重合断面的主要区别是(　　)。

(A)断面用粗实线画在视图轮廓以外　(B)断面用粗实线画在视图轮廓以内

(C)断面用细实线画在视图轮廓以外　　(D)断面用细实线画在视图轮廓以内

21. 选定零件主视图的原则有(　　)。

(A)加工状态　　(B)工作状态

(C)简化视图　　(D)主要形状特征

22. 装配图中常采用的特殊表达方法有(　　)等。

(A)假想画法　　(B)简化画法

(C)夸大画法　　(D)沿零件结合面剖切的画法

23. 下列的未注公差尺寸中,能够适用于一般公差标准 GB/T 1804—2000 的有(　　)。

(A)冲压件的线性尺寸　　(B)零件图上括号内的参考尺寸

(C)冲压件的角度尺寸　　(D)机加工组装件的线性和角度尺寸

24. 按国标规定,螺纹需要完整标注的内容依次是:螺纹的牙型符号、公称直径×螺距、(　　)。

(A)螺纹强度　　(B)旋向

(C)螺纹的公差带代号　　(D)螺纹旋合长度代号

25. 按国标规定,普通粗牙、右旋、中等旋合长度的螺纹,在图纸上只需标注出(　　)。

(A)螺纹的牙型符号　　(B)公称直径

(C)旋向　　(D)螺纹的公差带代号

26. 随着科学技术的不断发展,数控技术的发展越来越快,数控机床朝(　　)和模块化方向发展。

(A)高性能　　(B)高精度　　(C)高速度　　(D)高柔性化

27. 数控结构体系的发展方向是(　　)。

(A)模块化、专门化与个性化　　(B)智能化

(C)网络化与集成化　　(D)开发化

28. 中央控制单元(CPU)的作用是实施对整个系统的(　　)。

(A)运算　　(B)控制　　(C)管理　　(D)供电

29. CNC 存储器是用来存储(　　)。

(A)系统软件　　(B)杀毒软件

(C)零件加工程序　　(D)运算中间结果

30. 伺服系统按组成元件的性质来分类有(　　)等。

(A)电气伺服系统　　(B)液压伺服系统

(C)电气-液压伺服系统　　(D)电气-电气伺服系统

31. 从伺服系统输出量的物理性质来看,有(　　)等。

(A)速度伺服系统　　(B)加速度伺服系统

(C)位置伺服系统　　(D)液压伺服系统

32. 伺服系统按控制方式上可以分为(　　)等。

(A)开环系统　　(B)闭环系统　　(C)循环系统　　(D)半闭环系统

33. CNC 系统对插补的最基本要求是(　　)。

(A)插补所需的原始数据少

(B)有较高的插补精度,结果没有累积误差

(C)沿进给路线进给速度恒定且符合加工要求
(D)硬件实现简单可靠,软件算法简捷,计算速度快
34. 一般伺服都有三种控制方式分别为(　　)。
(A)速度控制方式　(B)转矩控制方式
(C)距离控制方式　(D)位置控制方式
35. 伺服系统的三个环控制分别为(　　)。
(A)电流环　(B)速度环　(C)位置环　(D)角度环
36. 数控机床对进给伺服系统的性能指标可归纳为(　　)。
(A)定位精度高　(B)跟踪指令信号的响应快
(C)系统稳定性好　(D)系统稳定性一般
37. 进给伺服系统常用的精度指标有(　　)。
(A)定位精度　(B)制件精度
(C)轮廓跟随精度　(D)重复定位精度
38. 自动换刀系统应当满足的基本要求包括(　　)。
(A)换刀时间短　(B)刀具重复定位精度高
(C)有足够的刀具储存量　(D)刀库占用空间少
39. 主机发生故障的常见原因是(　　)。
(A)润滑不良　(B)液压气动系统管路堵塞
(C)液压气动系统管路密封不良　(D)操作不当
40. 数控系统中的刀具补偿有(　　)。
(A)刀具受力补偿　(B)刀具半径补偿
(C)刀具长度补偿　(D)刀具锋利度补偿
41. 刀具的半径补偿可分为(　　)。
(A)前补偿　(B)后补偿　(C)左补偿　(D)右补偿
42. 数控加工中用到的补偿有(　　)。
(A)刀具长度补偿　(B)刀具半径补偿　(C)夹具补偿　(D)夹角补偿
43. 下面是插补指令的是(　　)。
(A)G00　(B)G01　(C)G02　(D)G03
44. CAD/CAM 计算机辅助制造是利用计算机对制造过程进行(　　)。
(A)设计　(B)制造　(C)管理　(D)控制
45. 一个完整的 CAD/CAM 系统必须具备(　　)。
(A)硬件系统　(B)软件系统　(C)设备系统　(D)技术人员
46. CAD/CAM 计算机硬件系统主要包括(　　)。
(A)主机　(B)外部存储器　(C)输入输出设备　(D)通信接口
47. 加工线路的选择应遵从的原则(　　)。
(A)尽量缩短走刀路线,减少空走刀行程以提高生产率
(B)保证零件的加工精度和表面粗糙度要求
(C)保证零件的工艺要求
(D)利于简化数值计算,减少程序段的数目和程序编制的工作量

48. 按信号输出形式,旋转编码器可分为(　　)。
(A)增量式　(B)数值式　(C)模拟式　(D)绝对式
49. 增量式光电编码器装置是由光源、(　　)信号处理电路等组成。
(A)光栅盘　(B)光栅板　(C)光电管　(D)聚光镜
50. 按结构划分,光栅可分为(　　)。
(A)直线光栅　(B)圆光栅　(C)平行光栅　(D)垂直光栅
51. 感应同步器的优点是(　　)。
(A)有较高的测量精度和分辨率　(B)工作可靠
(C)抗干扰能力强　(D)使用寿命长
52. 将金属材料划分为(　　)稀有金属和半金属六类,是一般工业生产中常用的分类方法。
(A)黑色金属　(B)轻有色金属　(C)重有色金属　(D)贵金属
53. 铸铁按生产方法和组织性能的不同可分为(　　)孕育铸铁和特殊性能铸铁。
(A)灰口铸铁　(B)灰铸铁　(C)可锻铸铁　(D)球墨铸铁
54. 碳素钢按含碳量的不同可分为(　　)。
(A)低碳钢　(B)高碳钢　(C)中碳钢　(D)工业纯铁
55. 合金钢按合金元素的总含量不同可分为(　　)。
(A)高合金钢　(B)中合金钢　(C)低合金钢　(D)微合金钢
56. 钢按冶炼方法的不同分为(　　)。
(A)沸腾钢　(B)镇静钢　(C)半镇静钢　(D)特殊镇静钢
57. 在常用青铜合金中,工业用量最大的为(　　),而强度最高的为铍青铜。
(A)铅青铜　(B)锡青铜　(C)铝青铜　(D)硅青铜
58. 变形铝合金按性能特点及用途,可分为(　　)几大类。
(A)防锈铝　(B)硬铝　(C)超硬铝　(D)锻铝
59. 金属材料的静载强度分为(　　)抗剪强度、屈服强度。
(A)抗拉强度　(B)抗压强度　(C)抗弯强度　(D)抗冲击强度
60. 常用的硬度单位洛氏硬度和布氏硬度的单位代号是(　　)。
(A)HRB　(B)HRC　(C)HBW　(D)HBS
61. 衡量金属材料塑性的主要指标有(　　)。
(A)伸长率　(B)膨胀率　(C)线胀系数　(D)断面收缩率
62. 螺纹可分为(　　)。
(A)公制螺纹　(B)英制螺纹　(C)管螺纹　(D) 径节制螺纹
63. 键连接可分为(　　)。
(A)普通平键　(B)半圆键　(C)花键　(D)斜键
64. 能改变液体方向的元件是(　　)。
(A)液压泵　(B)单向阀　(C)换向阀　(D)液压缸
65. 检测压力机平行度所需的工具为(　　)。
(A)平尺　(B)游标卡尺　(C)磁力百分表　(D)卷尺
66. 带传动的种类有(　　)。

(A)平带　(B)V带　(C)同步带　(D)多楔带

67. 起保护作用的电器元件是(　　)。

(A)中间继电器　(B)热继电器　(C)时间继电器　(D)熔断器

68. 不产生丢转的传动机构是(　　)。

(A)带传动　(B)齿轮传动　(C)链传动　(D)摩擦传动

69. 常用的机械传动包括(　　)。

(A)齿轮传动　(B)涡轮蜗杆传动　(C)带传动

(D)链传动　(E)摩擦传动

(F)液力传动

70. 渐开线齿轮传动包括(　　)。

(A)直齿轮传动　(B)斜齿轮传动

(C)圆锥齿轮传动　(D)涡轮蜗杆传动

71. 不能用于定速比传动的机构是(　　)。

(A)直齿轮传动　(B)摩擦传动　(C)斜齿轮传动　(D)带传动

72. 常用的连接方式是(　　)。

(A)键连接　(B)螺纹连接　(C)销连接

(D)铆接　(E)粘接

73. 下列不易传递大扭矩的连接方式是(　　)。

(A)键连接　(B)螺纹连接　(C)销连接

(D)铆接　(E)粘接

74. 保障数控压床安全操作应遵循(　　)。

(A)使用双手按钮操作　(B)按操作规程使用

(C)装模使用寸动操作　(D)多人操作注意配合

75. 由于液压油中含有金属颗粒而造成过度磨损的信号包括:(　　)。

(A)液压系统过热运行　(B)行程不均

(C)增压装置能力突然下降　(D)噪声

76. 机床照明的安全电压是(　　)V。

(A)220　(B)110　(C)36　(D)24

77. 我国标准圆柱齿轮的基本参数是(　　)。

(A)齿数　(B)齿距　(C)模数　(D)压力角

78. 下列不属于固体润滑剂的是(　　)。

(A)润滑脂　(B)钙基润滑脂　(C)二硫化钼

(D)锂基润滑脂　(E)石墨

79. 粘度大的润滑油适用于(　　)润滑。

(A)高速　(B)低速　(C)轻载荷　(D)重载

80. 板材压弯时,其最小弯曲半径与(　　)有关。

(A)材料表面质量　(B)弯曲角大小　(C)弯曲线方向　(D)压弯力大小

81. 为了得到表面平直度和精度较高的零件,往往在(　　)等冲压工序后对工件进行校正。

(A)冲裁 (B)弯曲 (C)表面处理 (D)失效

82. 拉弯时不需要(　　)。

(A)导柱 (B)凹模 (C)凸模 (D)导套

83. 拉弯时严禁(　　)。

(A)人力敲击 (B)大锤敲打 (C)木锤敲打 (D)铁锤敲打

84. 冲压生产中(　　)及排样图是由工艺规程规定。

(A)材料牌号 (B)物资管理 (C)毛坯尺寸 (D)车间成本

85. 冲裁间隙太小容易使制件(　　)。

(A)断面光亮带太宽 (B)有齿状毛刺 (C)弯曲 (D)擦伤

86. 冲裁间隙太大容易使制件(　　)。

(A)断面粗糙 (B)圆角大 (C)光亮带小 (D)有拉长毛刺

87. 正确使用冲模,对于(　　)等都有很大影响。

(A)冲模的寿命 (B)工作的安全性 (C)工件的质量 (D)有拉长毛刺

88. 精密冲裁是实现(　　)的冲压件的最有效的方法之一。

(A)高精度 (B)物资管理 (C)高质量 (D)车间成本

89. 冲裁过程中发生啃模的原因有(　　)。

(A)模具设计方面 (B)模具制造方面

(C)模具使用方面 (D)模具维修方面

90. 弯曲方法主要有(　　)。

(A)压弯 (B)滚弯 (C)拉弯 (D)折弯

91. 弯曲件容易产生的质量问题有(　　)。

(A)弯裂 (B)回弹 (C)偏移 (D)擦伤

92. 影响最小弯曲半径的因素有(　　)。

(A)材料的机械性能 (B)材料的热处理状态

(C)制件弯曲角的大小 (D)弯曲线方向

93. 减少回弹的措施有(　　)。

(A)补偿法 (B)加压校正法 (C)制件弯曲角的大小 (D)弯曲线方向

94. 弯曲模具分为(　　)。

(A)简单弯曲模 (B)复合模 (C)复杂弯曲模 (D)冲裁模

95. 冲模结构设计的基本要求是(　　)。

(A)结构简单 (B)安装牢固 (C)维修方便 (D)坚固耐用

96. 冲模设计的基本要求有(　　)。

(A)操作方便 (B)工作安全可靠 (C)便于制造 (D)价格低廉

97. 弯曲件端面鼓起或不平产生的原因有(　　)。

(A)材料内部受压 (B)外部受拉

(C)模具使用方面的原因 (D)冲床发生故障

98. 生产中造成模具修理的原因主要有(　　)。

(A)自然磨损 (B)制造原因 (C)使用原因 (D)冲床原因

99. 常见的冲裁断面质量问题有(　　)。

(A)断面出现二次光亮带　(B)断面不垂直,斜度较大
(C)有长的毛刺　(D)断面尺寸不正确

100. 剪切件常见的尺寸精度问题有(　　)。
(A)剪切边直线度不好　(B)剪切边垂直度不好
(C)长度尺寸不正确　(D)有长的毛刺

101. 常见的冲裁变形质量问题有(　　)。
(A)剪切边出现弯曲　(B)工件整体弯曲
(C)表面有局部压痕　(D)长度尺寸不正确

102. 叙述冲裁件结构工艺性要求有(　　)。
(A)形状力求简单对称　(B)外形应避免尖角
(C)冲孔尺寸不应太小　(D)工件的尺寸精度一致

103. TCR500R 步冲机由德国通快公司生产,其特点是(　　)。
(A)液压传动　(B)低噪声　(C)故障率小　(D)精度高

104. 折弯成型时,需要对来料进行检查,主要检查来料的(　　)。
(A)几何尺寸　(B)厚度　(C)表面质量　(D)重量

105. 当工件弯曲半径小于最小弯曲半径时,对冷作硬化现象严重的材料可采用(　　)工序。
(A)两次弯曲　(B)中间退火　(C)校平　(D)回火

106. 工作坐标系原点的选择主要考虑便于(　　)。
(A)编程　(B)测量　(C)表面质量　(D)重量

107. 加工余量分为(　　)。
(A)加工总余量　(B)工序余量　(C)材料余量　(D)质量余量

108. 在工厂长度计量中最常见的计量器具是(　　)。
(A)千分尺　(B)卡尺　(C) 表　(D)测速仪

109. 正确使用冲模,可提高冲模的(　　)。
(A)寿命　(B)工作的安全性　(C)工件的质量　(D)材料利用率

110. 冲裁件的工艺要求包括(　　)。
(A)形状结构　(B)尺寸大小　(C)尺寸公差　(D)尺寸基准

111. 毛刺打磨质量直接影响零件的(　　)和外观质量。
(A)装配精度　(B)疲劳强度　(C)抗腐蚀性　(D)外观质量

112. 冲压工艺按加工性质不同可分为(　　)工序。
(A)弯曲　(B)变形　(C)分离　(D)成型

113. 机械加工工艺规程的制定所要研究的问题是(　　)。
(A)零件工艺性分析　(B)工艺过程设计
(C)工序设计　(D)工艺文件编制

114. 加工误差组成是指(　　)。
(A)系统误差　(B)随机误差　(C)人为误差　(D)材料误差

115. 提高尺寸精度的措施有(　　)。
(A)合理选择测量工具　(B)正确选择测量方法

(C)提高机床进给系统刚度　　(D)提高刀具的刚度

116. 零件加工对机床的选择原则是(　　)。

(A)与零件加工内容和外廓尺寸相适应　　(B)与工序加工要求的精度相适应

(C)与零件的生产类型相适应　　(D)与加工条件相适应

117. 步冲机的特点是液压传动、(　　)。

(A)低噪声　　(B)故障率小　　(C)精度高　　(D)节约能源

118. 整形模主要用于(　　)工序后的工件,使其达到较准确的尺寸和形状。

(A)弯曲工序　　(B)拉深工序　　(C)翻边工序　　(D)冲裁工序

119. 翻边是除了结构需要以外,还可以提高制件的(　　)等,在冲压工艺上有广泛的应用。

(A)刚度　　(B)韧性　　(C)美观　　(D)质量

120. 在螺纹底孔的翻边时,应采用(　　)翻边形式。

(A)小的圆角半径　　(B)大的圆角半径　　(C)高的竖边　　(D)低的竖边

121. 翻边可分为(　　)翻边。

(A)圆孔　　(B)凸筋　　(C) 非圆形孔　　(D)外缘

122. 起伏成型的工序是(　　)。

(A)压包　　(B)压筋　　(C)压弯　　(D)压制百叶窗

123. 翻孔时,采用(　　) 凸模,使所需的翻边力比较小。

(A)球形　　(B)抛物线形　　(C)锥形　　(D)平底

124. 切口模用于将材料以不封闭的轮廓(　　)地分离开,而不将两部分完全分离。

(A)全部　　(B)局部　　(C)完全　　(D)部分

125. 按照导向装置冲压模具分为用(　　)的冲模。

(A)导柱导套导向　　(B)导板导向　　(C)无导向装置　　(D)侧刃导向

126. 按照工序组合,冲压模具分为(　　)。

(A)单工序模　　(B)连续模　　(C)切断模　　(D)多工位模

127. 属于局部成型类的模具是(　　)。

(A)翻孔模　　(B)翻边模　　(B)压筋模　　(D)冲孔模

128. 修边模用于将(　　)多余的外边修掉。

(A)平件　　(B)空心件　　(C)拉延件　　(D)成型件

129. 一般模具的主要零部件,按其作用分类由以下的(　　)及支承零件组成。

(A)工作零件　　(B)定位零件　　(C)卸料零件　　(D)导向零件

130. 折弯机模具的凸、凹模通常选用(　　)等制造。

(A)45 钢　　(B)T10A　　(C)42CrMo　　(D)T8A

131. 造成冲裁件毛刺较大的原因主要有(　　)。

(A)刃口不锋利　　(B)凸、凹模淬火硬度不够

(C)冲裁间隙过大或过小　　(D)卸料板倾斜

132. 冲裁模凸模易折断的主要原因是(　　)。

(A)侧向力未抵销　　(B)托料板倾斜　　(C)凸模强度不够　　(D)卸料板倾斜

133. 拉弯模具的卡头一般采用(　　)材料制作。

(A)T10　(B)Q235-B　(C)Q235-A　(D)45

134. 对于折弯机模具形状又薄又弯、承受折弯力较大,需选用(　　)材料制作。

(A)45　(B)42CrMo　(C)Q235-A　(D)Cr12MoV

135. 折弯模具的形状有各种各样,可以进行折不同的(　　),还可以拍扁。

(A)角度　(B)拉深　(C)翻孔　(D)简单成型

136. 一般采用(　　)材料制作拉弯机凸模。

(A)低碳钢板　(B)高碳钢板

(C)铸钢　(D)铸铁

137. 起伏成型时,压边圈的压边力计算应和(　　)有关系。

(A)使用设备　(B)在压边圈下毛坯的投影面积

(C)单位压边力　(D)凸模

138. 凸、凹模间隙对冲裁件质量影响较大,如果间隙太小会使冲裁件产生(　　)。

(A)毛刺　(B)裂断

(C)剪切断面的光亮带太宽　(D)双亮带

139. 折弯是通过安装在折弯机上的模具,实现板料的(　　)。

(A)翻边　(B)折边　(C)简单成型　(D)拍扁

140. 步冲机能进行特殊工艺加工,如(　　)、压印等。

(A)百叶窗　(B)沉孔　(C)局部成型　(D)拉弯

141. 主要根据零件的内外轮廓尺寸、(　　)等,选择合适的折弯机模具。

(A)折弯半径　(B)板厚　(C)材质　(D)公差范围

142. 常规的折弯加工的先后顺序是(　　)。

(A)先短边后长边　(B)先外围后中间

(C)先局部后整体　(D)先一般后特殊

143. 拉弯工艺参数(　　)等,直接影响到拉弯件成形质量。

(A)拉弯力　(B)工件的变形量　(C)预拉力　(D)补拉力

144. 拉弯预拉力的作用是为了(　　),还防止工件弯曲时起皱而影响顺利进入模具。

(A)减小弹性变形　(B)消除毛坯的扭曲

(C)加大弹性变形　(D)提高断面尺寸精度

145. 步冲机可用小冲模以步冲方式冲(　　)及各种形状的曲线轮廓。

(A)大圆孔　(B)方形孔　(C)腰形孔　(D)长方形孔

146. 步冲机冲裁(　　)、切边等采用长方形模具部分重叠加工。

(A)圆孔　(B)方形孔　(C)腰形孔　(D)长方形孔

147. 对于深窄形压形件,若深、宽比例太大,折弯时易产生制件与胎具干涉现象,须设计特殊的上模结构是(　　)。

(A)避让胎　(B)尖角胎　(C)圆角胎　(D)弯胎

148. 根据零件的(　　),确定所需拉弯力及拉弯模结构。

(A)断面形状　(B)各圆弧尺寸

(C)展开长度　(D)材料机械性能

149. 在冲压工作前,要检查来料的(　　)以及直线度是否合格。

(A)料厚　(B)表面质量　(C)平面度　(D)外形尺寸

150. 解决拉弯件拉裂的主要措施有(　　)及改变零件结构等。

(A)减少拉弯力　(B)选用延伸率低的材料

(C)提高拉弯力　(D)选用延伸率高的材料

151. 解决拉弯件圆弧半径超差的主要措施是调整(　　) 等。

(A)预拉力　(B)模具长度

(C)拉弯力　(D)模具回弹值

152. 解决折弯件角度超差的主要措施是调整(　　)及凹模 V 形槽尺寸等。

(A)折弯机压力　(B)凸模圆角半径

(C)凸、凹模间隙　(D)凸、凹模长度

153. 解决折弯件翼面有压痕和划伤的主要措施是(　　)及加大凹模 V 形槽尺寸较大等。

(A)加大凹模圆角　(B)改变凸、凹模长度

(C)局部修磨　(D)恢复模具精度

154. 叙述冲裁时造成废料反弹的主要原因是(　　)及被加工板材的表面是否有油污。

(A)刃口的锋利程度　(B)刃口的圆角　(C)凸模的入模量　(D)模具间隙

155. 如果折弯机模具出现严重的崩裂、(　　),应立即中止使用。

(A)缺损　(B)凹痕　(C)变形　(D)裂缝

156. 对于局部有(　　)的拉弯模具,应及时修理,对于无法维修,应更换零部件或报废更新。

(A)微小划痕　(B)裂缝　(C)磨损　(D)凹陷

157. 为了保护折弯机上、下模的精度不受损伤,坯料和模具表面要保证(　　)及污垢。

(A)清洁　(B)无铁渣　(C)无泥沙　(D)无油污

158. TCR500R 步冲机工件沿(　　)运动。

(A)X 轴　(B)Y 轴　(C)Z 轴　(D)V 轴

159. 当折弯件成型两端角度不一致时,可以通过调整(　　)轴参数进行调节。

(A)$X1$　(B)$X2$　(C)$Y1$　(D)$Y2$

160. 通过设置(　　)参数,折弯机可以自动计算成型力。

(A)料厚　(B)材质　(C)闸线长度　(D)折弯角度

161. 步冲机冲孔的方式有(　　)。

(A)单孔　(B)排孔　(C)网格　(D)圆周分布

162. 步冲机冲单孔是需要设置的位置参数有(　　)。

(A)X 坐标　(B)Y 坐标　(C)Z 坐标　(D)原点坐标

163. 通过拉弯程序可以设定(　　)。

(A)机床的初始位置及初始角度　(B)拉伸位移

(C)拉伸角度　(D)拉伸速度

164. 拉弯过程控制实质是对拉伸(　　)的控制。

(A)位移　(B)角度　(C)长度　(D)拉力

165. 直接影响折弯件尺寸及成型角度的参数是(　　)。

(A)$X1$　(B)$X2$　(C)$Y1$　(D)$Y2$

166. 步冲机加工直径为 300 mm 的孔可使用如下哪种编程方式(　　)。

(A)网格　(B)圆周分布　(C)内部轮廓　(D)外部轮廓

167. 选择焊接坡口的形式,主要取决于(　　)等。

(A)焊件的厚度　(B)焊接方法

(C)工艺规程　(D)焊件时的温度

168. 冲压中、小型件时,用于取料和放料的常用工具是(　　)等。

(A)电磁吸盘　(B)钢丝钳　(C)气动夹钳　(D)真空吸盘

169. 车削加工可以用于加工(　　)等。

(A)外圆　(B)中心孔　(C)螺纹　(D)V 形槽

170. 游标卡尺主要由(　　)三部分组成。

(A)主尺　(B)副尺　(C)制动螺钉　(D)卡脚

171. 铣削加工可以用于加工(　　)。

(A)平面　(B)斜面　(C)沟槽　(D)螺纹

172. 万用表可以测量(　　)。

(A)交流电压　(B)直流电压　(C)直流电流　(D)电阻值

173. 根据截面形状,整形锉分为(　　)单面三角锉等。

(A)齐头扁锉　(B)三角锉　(C)方锉　(D)圆锉

174. 指出国际单位制的基本单位有(　　)。

(A)摩[尔]　(B)牛[顿]　(C)摄氏度　(D)坎[德拉]

175. 下面属于国际单位制的基本单位的符号有(　　)。

(A)m　(B)kg　(C)s　(D)Pa

176. 下面公式用于计算半径为 R 的圆的周长时,存在错误的是(　　)。

(A)$\pi R/2$　(B)πR　(C)$2\pi R$　(D)$4\pi R$

177. 下面公式用于计算以 a、b 为两条直角边的直角三角形的周长时,存在错误的是(　　)。

(A)$L=a+b+\sqrt{a^2+b^2}$　(B)$L=a+b+\sqrt{a^2-b^2}$

(C)$L=a+b+\sqrt{b^2-a^2}$　(D)$L=a+b+\sqrt{a^3+b^3}$

178. 下面公式用于计算半径为 R,圆心角的角度值为 α 的圆弧长度时,存在错误的是(　　)。

(A)$L=R\alpha$　(B)$L=R\alpha/2$

(C)$L=\pi R\alpha/180$　(D)$L=\pi R\alpha/360$

179. 下面公式用于计算半径为 R,圆心角的角度值为 α 的扇形面积时,存在错误的是(　　)。

(A)$\pi R^2\alpha/360$　(B)$\pi R^2\alpha/180$　(C)$\pi R^2\alpha/90$　(D)$\pi R^2\alpha$

180. 下面公式用于计算底面半径为 R,母线长度为 l 的圆锥体的侧面积时,存在错误的是(　　)。

(A)侧面积$=\pi R^2 l$　(B)侧面积$=\pi R(l+R)$

(C)侧面积$=\pi R l^2$　(D)侧面积$=\pi R(l-R)$

181. 下面公式用于计算下底面半径为 R_1，上底面半径为 R_2，母线长度为 l 的圆台体的侧面积时，存在错误的是(　　)。

(A)侧面积 $=\pi(R_1+R_2)l$　　(B)侧面积 $=(R_1+R_2)l^2$

(C)侧面积 $=\pi(R_1-R_2)l$　　(D)侧面积 $=(R_1-R_2)l^2$

182. 组织建立、实施、保持和改进环境管理体系所必要的资源是指(　　)。

(A)人力资源和专项技能　　(B)污水处理设施

(C)技术和财力资源　　(D)生产设备

183. 职业健康监护档案应当包括劳动者的(　　)等有关个人健康资料。

(A)职业史　　(B)职业病危害接触史

(C)体检报告单　　(D)职业健康检查结果和职业病诊疗

184. 下面不是产品从设计、制造到整个产品使用寿命周期的成本和费用方面的特征的是(　　)。

(A)性能　　(B)寿命　　(C)可靠性　　(D)经济性

185. 在 5S 管理中，必需品的作用是(　　)。

(A)增大作业的空间　　(B)减少库存，节约资金

(C)减少碰撞，保障安全　　(D)消除混料差错

186. 5S 与公司及员工有哪些关系。(　　)

(A)提高公司形象　　(B)增加工作时间　　(C)增加工作负担　　(D)安全有保障

187. 5S 中有关整理的方法，正确的有(　　)。

(A)常用的物品，放置于工作场所的固定位置或近处

(B)会用但不常用的物品，放置于储存室或货仓

(C)很少使用的物品放在工作场所内固定的位置

(D)不能用或不再使用的物品，废弃处理

四、判 断 题

1. 在机械制图国标规定中，细点划线与细双点划线的用途相同。(　　)

2. 在标题栏更改区的“更改文件号”一栏中，填写的是更改所依据的文件号。(　　)

3. 标题栏一般由更改区、签字区、其他区和技术要求区组成。(　　)

4. 技术要求是每张装配图中，必不可少的标注内容。(　　)

5. 对零件的表面质量或热处理的要求，一般填写在图样的标题栏内。(　　)

6. 视图中难以表达的各种特殊要求，可以在技术要求中来加以说明。(　　)

7. 国标规定技术图样应采用正投影法绘制，且必须采用第一角画法。(　　)

8. 第三角画法就是将物体置于第三分角内，使投影面处于观察者与物体之间进行投射，然后按国标规定展开投影面得到基本视图的画法。(　　)

9. 当技术图样根据合同规定而采用第三角画法时，就不需要在图样标题栏内注明投影识别符号了。(　　)

10. 在基本视图的规定配置中，后视图配置在主视图与左视图之间。(　　)

11. 机械图样中的尺寸，以毫米为单位时，不需标注单位符号或名称。(　　)

12. 在不致引起误解时，零件图中的小圆角、锐边的小圆角或 45°小倒角允许省略不画，也

不必注明尺寸或在技术要求中加以说明。( )

13. 两个形状相同但尺寸不同的零件,可共用一张图表示,但应将另一件的名称和不相同的尺寸列入括号中表示。( )

14. 焊缝的补充符号是为了补充说明焊缝的某些特征而采用的符号。( )

15. 焊缝长度方向尺寸标注在基本符号的左侧。( )

16. 螺纹牙底圆的投影,在螺杆的倒角或倒圆部分不必画出。( )

17. 在装配图中,当剖切平面通过螺杆的轴线时,对于螺柱、螺栓、螺钉、螺母及垫圈等,均按未剖切绘制。( )

18. 在装配图中,多处出现的相同的零、部件,必要时也可重复标注。( )

19. 在间隙配合中,孔的公差带完全位于轴的公差带之下。( )

20. 在过盈配合中,孔的公差带完全位于轴的公差带之下。( )

21. 当相互结合的孔的尺寸减去轴的尺寸所得的代数值为零时,这种配合称为间隙配合。( )

22. 圆柱度是表示零件上圆柱面外形轮廓上各点对其轴线保持等距状况的几何公差。( )

23. 数控技术会向着高速、高效、高精度、高可靠性方向发展。( )

24. 数控技术是制造业实现自动化、柔性化、集成化生产的基础。( )

25. CNC 装置只能有一个单微处理器。( )

26. PLC 是一种数字运算操作的电子系统,专为在工业环境应用而设计的。( )

27. 交流伺服系统技术的成熟也使得市场呈现出快速的多元化发展,并成为工业自动化的支撑性技术之一。( )

28. 软硬结合插补器由软件完成精插补,由硬件完成粗插补。( )

29. 感应同步器直接对机床进行位移检测,无中间环节影响,所以精度高。( )

30. 就伺服驱动器的响应速度来看,转矩模式运算量最小,驱动器对控制信号的响应最快;位置模式运算量最大,驱动器对控制信号的响应最慢。( )

31. 伺服系统如果对位置和速度有一定的精度要求,而对实时转矩不是很关心,用转矩模式比较好。( )

32. 进给伺服系统的稳定性和系统的惯性、刚度、阻尼以及系统增益都有关系。( )

33. 进给伺服系统的快速响应特性直接影响机床的工作精度和生产率。( )

34. 步进电机的进给传动系统使用齿轮传动,不仅是为了求得必需的脉冲当量,而且还有满足结构要求和增大转矩的作用。( )

35. 数控机床常用的刀库形式有盘式刀库、链式刀库等。( )

36. 数控机床主机故障主要表现为传动噪声大、加工精度差、运行阻力大、机械部件动作不进行、机械部件损坏等。( )

37. 数控机床的定期维护、保养,控制和根除“三漏”现象发生是减少主机部分故障的重要措施。( )

38. 自动编程又可以分为自动编程软件编程和 CAD\CAM 集成数控编程系统自动编程。( )

39. 手工编程方式比较复杂,不容易掌握,适应性小。( )

40. 在上一程序段中写明的、本程序段里又不变化的那些字仍然有效，可以不再重写。（　）

41. 机床数控系统不同，但建立工件坐标系的指令相同。（　）

42. 机床坐标系是指机床的实际位置，一般情况下是不会动的，除非机床有重新设定机械零点。（　）

43. 工件坐标系就是在机床坐标系里的一个加工工件的坐标位置，即确定这个工件所放的位置。（　）

44. 编程坐标系是编程人员根据零件图样及加工工艺等建立的坐标系。（　）

45. 非铁金属材料也称有色金属材料，它们因组成元素的不同而常呈现各种不同的颜色。（　）

46. 可锻铸铁就是可以进行锻造加工的铸铁。（　）

47. 变形铝合金中的防锈铝属于热处理强化铝。（　）

48. 洛氏硬度 HRC 是用 1 500 N 载荷和钻石锥压入器求得的硬度，常用于硬度很高的淬火钢等材料。（　）

49. 钢板材料的表面质量是指材料表面必须光洁、平整、无划痕、无气孔等。（　）

50. 抗拉强度越大的材料，伸长率也越大，塑性就越好。（　）

51. 各种钢铁材料都可以通过淬火来获得很高的硬度。（　）

52. 低温回火可使高碳钢获得高硬度、高耐磨性，并且保持适当的韧性，用于制作工具、模具等。（　）

53. 碳素工具钢的淬火温度宽，淬火变形小。（　）

54. 冲压常用金属材料主要为黑色金属板材和有色金属板材。（　）

55. 铆工校正用的手锤和大锤，其锤头一般都是用合金工具钢制作的。（　）

56. 直齿轮不能实现交叉轴传动。（　）

57. 公制螺纹分为普通螺纹和细牙螺纹。（　）

58. 梯形螺纹可作为传动使用。（　）

59. 轴承可分为滑动轴承和滚动轴承。（　）

60. 轴承部位需要润滑。（　）

61. 曲柄压力机都采用圆盘摩擦式离合器。（　）

62. 设备的辅助装置主要包括：润滑系统，气动系统，液压系统，过载保护系统，其他专用机床的设施。（　）

63. 剪切设备按剪刃形式可分为直刃剪机、圆盘剪机和型刃剪机。（　）

64. 剪板机剪切不同厚度的材料时不需要调整间隙。（　）

65. 调整闭合高度中用手扳动飞轮。（　）

66. 剪板机踩闸不下刀时，应调整离合器、调整拉杆和杠杆或更换轴套。（　）

67. 平衡缸一般不需要润滑。（　）

68. 由于双出杆活塞式液压缸，左右两腔活塞的有效工作面积相等，所以活塞往复运动的速度必然相等。（　）

69. 热继电器分类属于控制电器。（　）

70. 压力机的最大装模高度应大于冲模的最大闭合高度。（　）

71. 选择压力机时的许可压力曲线要和工艺相适应。(　　)

72. 检查压力机滑块底面与工作台的平行度,可用千分尺进行检查。(　　)

73. 冲床的润滑,宜选用粘度较大的润滑油或润滑脂进行润滑。(　　)

74. 滑块停在下死点,滑块底面到工作台上平面的距离称为曲柄压力机的闭合高度。(　　)

75. 关机时应先关闭系统再关闭电源。(　　)

76. 冲压加工虽然是一种较先进的加工方法,但对不同的零件并非是最经济的方法。(　　)

77. 冲压模具的安全性是审核的重点之一。(　　)

78. 冲裁间隙不均匀,不会出现毛刺。(　　)

79. 由于冲裁形状复杂,工件周边的冲裁力不均匀,造成工件翘曲不平。(　　)

80. 在外力作用下,金属材料抵抗变形和破坏的能力是金属材料的塑性。(　　)

81. 压弯过程中,自由弯曲阶段所用的弯曲力最大。(　　)

82. 弯曲时材料的中性层,就是材料断面的中心层。(　　)

83. 材料在弯曲过程中,整个断面都有应力,外层受拉伸,内层受挤压,没有一个既不受压又不受拉的中层存在。(　　)

84. 弯曲件 R/t 愈小,变形程度愈大。(　　)

85. 为满足弯曲时的静力平衡条件,中心层必然内移。(　　)

86. 拉弯时不用预拉,直接弯曲。(　　)

87. 拉弯适用较短的工件。(　　)

88. 拉弯模具小于工件长度。(　　)

89. 拉弯时进行预拉、弯曲,最后进行补拉,保证拉弯形状。(　　)

90. 不锈钢料件与碳钢料架不能直接接触,需要用非金属材料隔开。(　　)

91. 260、500 步冲机有加工死区。(　　)

92. 数控机床按功能水平分类可分为:金属切削类;金属成型类;特种加工类。(　　)

93. 计算机控制机床,也可称为(C)N(C)机床。(　　)

94. 数控机床按坐标轴分类,有两坐标、三坐标和多坐标等。他们都可以三轴联动。(　　)

95. 一般将信息输入、运算及控制、伺服驱动中的位置控制、PL(C)及相应的系统软件和称为数控系统。(　　)

96. 开环伺服系统的精度优于闭环伺服系统。(　　)

97. TCR500R 步冲机由德国通快公司生产,其特点是液压传动、低噪声、故障率小、精度高。(　　)

98. TCR500R 步冲机工作台的加工范围:2 535 mm×1 280 mm。(　　)

99. 铝合金料件与碳钢料架不能直接接触,需要用非金属材料隔开。(　　)

100. 首件鉴定时,首件鉴定单上填的尺寸为图上尺寸。(　　)

101. TCR500R 步冲机加工最大板材厚度:8 mm。(　　)

102. TCR500R 步冲机最大冲孔直径:76.2 mm。(　　)

103. TCR500R 步冲机板料的不平整度应不超过 15 mm。(　　)

104. 当工件弯曲半径小于最小弯曲半径时,对冷作硬化现象严重的材料可采用两次弯曲。(　　)

105. 不锈钢料件、铝料件与碳钢料架、料箱不能直接接触，需用非金属材料隔开。（ ）

106. 冲裁力是指冲裁时，材料对凸模的最大抵抗力。（ ）

107. 在手动修正折弯角度时，需要使用手锤或磅锤进行调修，锤面可以直接与料件接触，无需保护。（ ）

108. 当工件弯曲半径小于最小弯曲半径时，对冷作硬化现象严重的材料可进行中间退火工序。（ ）

109. 冲裁力是指冲裁时，材料对凹模的最大抵抗力。（ ）

110. 斜刃冲裁可减少冲裁力。（ ）

111. 斜刃口冲裁时，落料的凸模应为平刃口，而凹模开成斜刃口。（ ）

112. 凸、凹模间隙不合理是影响冲裁精度之一。（ ）

113. 模具凸、凹模因热处理不当或装配不当变形是冲裁件出现毛刺的原因之一。（ ）

114. 对一些非金属材料，易脆裂和成片状的压合材料常采用加热冲裁。（ ）

115. 材料弯曲板面越宽，料越厚则最小弯曲半径越小。（ ）

116. 翻孔是在毛坯上预先加工孔或不预先加工孔，使孔的周围材料弯曲而竖起凸缘的冲压工艺方法。（ ）

117. 校平时，根据板料的厚度和表面质量要求，选用平面校平模还是齿形校平模。（ ）

118. 翻孔时，采用平底凸模，预冲孔是骤然胀开，对翻边非常有利。（ ）

119. 采用球形凸模和锥形凸模比圆柱形凸模翻孔时，所需的翻边力要小。（ ）

120. 压缩类曲面翻边时，毛坯变形区在切向压作用下产生失稳破裂。（ ）

121. 对于用模具翻边，当零件复杂或精度要求高时，很难计算出变形前的毛坯尺寸和形状，需要通过试验来确定较准确的毛坯尺寸。（ ）

122. 多工位模是在压力机的一次行程中，在不同的工位上顺序完成两道或两道以上，连续的冲压工序的模具。（ ）

123. 冲孔模用于将零件内的材料以不封闭的轮廓分离开，使零件得到孔。（ ）

124. 落料模用于将材料以不封闭的轮廓分离开，得到平整的零件。（ ）

125. 成型模用于采用材料局部成型的办法，形成局部凸起和凹进。（ ）

126. 翻边模用于沿不封闭的外凸或内凹曲线，采用局部成型的办法形成凸缘。（ ）

127. 冲裁模的凹模的材料和凸模相同，凹模的硬度应略高于凸模。（ ）

128. 形状简单的冲裁模凸、凹模材料通常选用优质碳素钢。（ ）

129. 冲裁模的漏料孔和出料槽应畅通无阻。（ ）

130. 冲裁模间隙就是凸模与凹模之间的单边间隙，当加工的材质不同时，间隙应进行一定的调整。（ ）

131. 折弯机模具采用 T10、42CrMo 等材料制作，硬度为 30HRC 左右。（ ）

132. 在折弯过程中，折弯下模与工件之间存在着相对滑动，因此如果折弯下模硬度太低，折弯时容易划伤工件。（ ）

133. 在折弯过程中，折弯下模容易磨损，一般折弯下模的硬度要比上模硬度高一些。（ ）

134. 一般拉弯模具由卡头、凸凹模及凹模组成的。（ ）

135. 原则上拉弯模具只需凸模，因而不需要像一般弯曲模那样调整模具间隙。（ ）

136. 由于毛坯在拉弯过程中受到很大的轴向拉力,夹块的齿面应保持可靠地夹紧工件。( )

137. 翻边凹模圆角半径一般对翻边影响不大,可取等于制件的圆角半径。( )

138. 翻孔凸模与凹模之间的间隙太大,工件易出现的边壁与平面不垂直。( )

139. 折弯工序是指改变板材或工件角度的加工,如将板材弯成 V 形、U 形等。( )

140. 拉弯工序是将坯料放在专用拉弯机模具的凸、凹模上进行的。( )

141. 当制件上孔的位置靠近弯曲中心线时,应先弯曲后冲孔,否则弯曲时金属流动使孔变形。( )

142. 编制冲压工艺规程要对产品零件进行工艺分析,以确定产品零件是否适合冲压工艺的特点。( )

143. 为了消除多次定位引起的误差,在冲压全部工序中应尽量用同一个基准。( )

144. 正常情况下,折弯是从工件的外围开始向工件的中间折。( )

145. 步冲机冲裁很多孔时,消除此类变形的方法之一是先每隔一个孔冲切,然后返回冲切剩余的孔。( )

146. 在拉弯过程中,由于轴向的拉伸不会导致工件断面高度减小与厚度变薄。( )

147. 确定拉弯工艺参数首先要考虑工件拉弯断裂和截面尺寸变形量过大两个方面。( )

148. 步冲机成型大尺寸百叶窗、滚筋、滚台阶等,采用和工件尺寸一样大的模具一次成型。( )

149. 步冲机成型较小的包、翻孔等,应采用适合的模具单次成型。( )

150. 选择步冲机冲裁模的模具间隙,应考虑所加工零件的材质、厚度及模具材料。( )

151. 拉弯件长度应大于拉弯凸模的长度。( )

152. 拉弯模的有效长度应比工件的切割长度短。( )

153. 根据要求正确调整步冲机模具的冲压深度,每次调整最好不超过 0.15 mm。( )

154. 拉弯后的工件要用样板检测,如弧度超差,应调整拉弯机的预拉力、拉弯力及补拉力,重新拉弯,直到达到产品图纸或工艺要求。( )

155. 在模具调试前,要检查上、下模的重合度和紧固性,检查各定位装置是否符合加工要求。( )

156. 要定期检查步冲机模具的上、下模座的同轴度,如果模位不正,容易造成单边啃模或打坏模具。( )

157. 冲裁模具的刃磨量是一定的,如果达到该数值,冲头就要报废,如果继续使用,也不容易造成模具和设备的损坏。( )

158. 对于镶块式拉弯卡头,要定期检查其镶块的紧固是否牢靠,有无松动现象。( )

159. 拉弯机模具在装卸、搬运和存放时,要注意保护工作形面,避免磕碰。( )

160. 折弯机的编程方式属于自动编程。( )

161. 折弯程序可以选择自动运行模式,也可以单步执行。( )

162. 步冲机适合加工具有简单几何图形的制件,不适合含有样条曲线、椭圆轮廓的制件。( )

163. TCR500R 步冲机程序编制完成后，制件轮廓可以显示在屏幕上。（ ）

164. TCR500R 步冲机编程时使用绝对坐标。（ ）

165. 拉弯机靠模具的旋转控制拉弯角度。（ ）

166. 乙型件折弯后两闸线不平行需要调整的参数是 $Y1$、$Y2$。（ ）

167. 在编制折弯程序时应充分考虑折弯顺序。（ ）

168. 拉弯机在需要进行程序调整时应将模式选择按钮调整到 Auto 位置。（ ）

169. 拉弯机在正常工作时应将模式选择按钮调整到 Auto 位置。（ ）

170. 在实体工件上加工出孔，需用麻花钻和中心钻等直接钻孔。（ ）

171. 用压板、螺钉和垫块紧固模具时，正确方法是垫块的高度应稍低于压紧面。（ ）

172. 冲压工常用的夹具有压板、垫块、T 形螺栓、六角螺钉等紧固件。（ ）

173. 千分尺用来测量材料及冲压件的厚度。（ ）

174. 车削加工除了可以加工金属外，还可以加工木材、塑料、橡胶、尼龙等非金属材料。（ ）

175. 电流的大小和方向不随时间变化的电流是交流电。（ ）

176. 铰刀有机用铰刀和手动铰刀两种。（ ）

177. 为减少测量误差，一般尽量不采用间接测量。（ ）

178. 测量过程中产生随机误差的原因可一一找出，而系统误差则是测量过程中不可避免的。（ ）

179. 在单件小批量生产中应选择通用量具，而对于大批量生产的零件则应采用专用量具。（ ）

180. 自制非标量具，如样板等，无需进行精度检定。（ ）

181. 计量器具的示值范围与测量范围是一回事。（ ）

182. 用游标卡尺测量两孔中心距属于间接测量。（ ）

183. 由于测量人员一时疏忽而出现的绝对值特别大的异常值，属于随机误差。（ ）

184. 游标卡尺是一种中等精度的量具，它只适用于中等精度尺寸的测量和检验。（ ）

185. 使用千分尺时，可以直接旋转微分筒来使测微螺杆压紧零件表面。（ ）

186. 危险化学品包括被列入国家标准公布的(危险货物品名表)剧毒化学品目录或未被列入(危险货物品名表)的其他危险化学品。（ ）

187. 组织实施环境管理体系覆盖的范围应与认证机构协商确定。（ ）

188. 设置了自动喷水灭火系统和消火栓系统的场所可不配置灭火器。（ ）

189. 火灾自动报警系统报警区域内每个防火分区，应至少设置一个手动火灾报警按钮。（ ）

190. 失火现场单位员工在第一时间内形成的灭火救援力量为社会单位第一支灭火力量。（ ）

191. 火灾确认后，单位按照灭火和应急疏散预案，组织员工形成的灭火救援力量为社会单位第一支灭火力量。（ ）

五、简 答 题

1. 简述黄、白、青铜合金牌号中数值表示意义的不同。

2. 简述钢的淬火工艺方法和目的。
3. 简述钢的回火工艺方法和目的。
4. 简述冷作模具钢的使用和加工性能要求。
5. 简述锰、硅、铬、钼在模具钢中的最主要作用。
6. 简述对模具钢的可锻性要求有哪些。
7. 折弯机导轨的调整步骤包括哪些?
8. 闸胎的安装步骤?
9. 夹紧装置工作方式是哪些?
10. 什么叫插补? 编程时所给的刀具移动速度指的是什么?
11. 检测元件在数控机床中的作用是什么?
12. 简述液压油的使用要求。
13. 数控压床按执行机构特点分类可分为哪几种类型?
14. 气动三大件是什么?
15. 什么是压力机的精度? 主要精度包括哪些?
16. 什么是曲柄压力机的最大闭合高度?
17. 简述弯曲件的弯曲半径过大和过小对弯曲件有什么影响。
18. 什么是冲裁件的工艺性?
19. 弯曲方法主要有几种?
20. 弯曲件容易产生的质量问题有哪些?
21. 减少回弹的措施有哪些?
22. 弯曲件的圆角半径过大对弯曲件的影响有哪些?
23. 弯曲件的弯边长度为什么不易过小?
24. 为什么弯曲件形状应对称?
25. 怎样计算具有一定圆角半径的弯曲件展开长度?
26. 怎样计算无圆角半径的弯曲件展开长度?
27. 简答拉弯常用的方法。
28. 简答什么是冲压件工艺性。
29. 影响最小弯曲半径的因素有哪些?
30. 简述间隙对冲裁力的影响。
31. 什么是冲裁间隙?
32. 什么是冲裁精度?
33. 什么是弯曲工序?
34. 什么是回弹?
35. 影响回弹现象的因素有哪些?
36. 简述校平工序和整形工序的特点。
37. 简述一般中、大型零件带有凸筋的主要目的。
38. 简述什么是翻孔。
39. 简述什么是冲裁模。
40. 简述什么是弯曲模。

41. 简述模具定位零件的种类及其作用。
42. 简述什么是模柄及其作用。
43. 简述单工序模的主要优点。
44. 简述一般折弯上模按端部形状分哪几类及其适用范围。
45. 简述拉弯凸模的结构特点。
46. 简述什么是复合模。
47. 简述选择冲压设备类型的主要依据。
48. 简述冲压工艺规程的主要内容。
49. 简述冲压件在各工序中的定位原则。
50. 简述拉弯工序的主要内容。
51. 简述正确选择折弯机模具的依据。
52. 简述折弯件两端角度不一致的主要原因。
53. 简述折弯件圆角不符合产品图纸要求的主要原因。
54. 简述模具维护保养的目的。
55. 简述在生产过程中的冲裁模保养。
56. 简述数控折弯机折弯角度如何控制。
57. 简述步冲机单排等距孔程序编制过程。
58. 用步冲机加工直径为 200 mm 的圆孔有几种编程方式？分别是什么？
59. 数控拉弯程序调整的两种方式是什么？
60. 简述数控拉弯程序中位移的正负分别代表什么。
61. 简述划线的常用工具主要有哪些。
62. 简述在切削加工中使用冷却液的主要作用。
63. 简述扩孔的加工方法。
64. 简述测量误差按性质分为哪几类。测量误差的主要来源有哪些。
65. 简述计量器具的分度间距与分度值的区别。
66. 简述计量器具的示值误差与修正值的区别。
67. 简述弯曲、拉深类冲压件出现局部缩颈的特点。
68. 任何物料入库都会有物料编码，物料编码共分几种？哪几种？
69. 劳保用品的“三证一书”分别是指什么？
70. 从哪几个方面总体评价环境管理体系的有效性？

六、综 合 题

1. 叙述钢的退火种类和目的。
2. 叙述热作模具钢的使用和加工性能要求。
3. 叙述常用模具钢 Cr12MoV 有何特点。
4. 压力机液压过载保护发生后如何恢复？
5. 综合分析剪切下料尺寸精度差的原因。
6. 叙述机械传动剪板机产生连刀的原因及排除方法。
7. 叙述液压缸行程终端位置缓冲装置的作用。

8. 数控折弯机在编程中常用的技术参数有哪些?

9. 叙述平衡缸在曲柄压力机中的作用。

10. 冲模设计的基本要求是什么?

11. 叙述冲裁件结构工艺性要求有哪些。

12. 在材料为 05 钢,采用平刃冲裁,要冲一个直径为 200 mm 的圆孔,板料厚为 3 mm,材料抗剪强度 $\tau_0=200\ \text{N/mm}^2$,求实际冲裁力。

13. 步冲机成型加工一般有几种加工方式?

14. 叙述弯曲件端面鼓起或不平产生的原因。

15. 采用平刃冲模裁一长孔工件(图 1),料厚 $t=4$ mm,材质为 15 钢,长孔直边长 80 mm,两头圆弧半径 $R=15$ mm,已知材料抗剪强度 $\tau_0=310\ \text{N/mm}^2$,求实际冲裁力是多少?

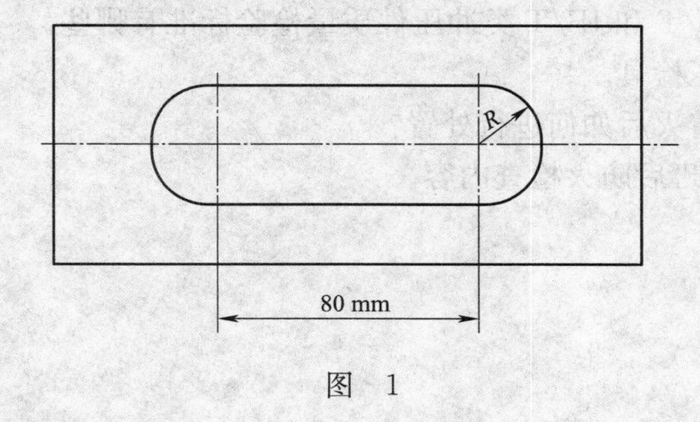

图 1

16. 叙述弯曲时翘曲产生的原因。

17. 计算如图 2 所示(图中单位为 mm)无圆角的多角弯曲件的毛料展开长度 L。(多角弯曲系数取 0.25)

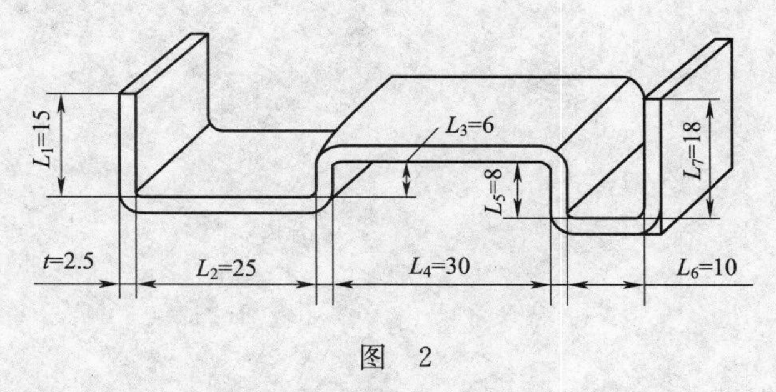

图 2

18. 叙述材料的机械性能对最小弯曲半径的影响。

19. 叙述材料的热处理状态对最小弯曲半径的影响。

20. 叙述什么是成型及其主要有哪些工序。

21. 叙述起伏成型及其作用。

22. 叙述什么是连续模及其优点。

23. 叙述常用模具主要零部件的种类及其作用。

24. 叙述模具工作零件的种类及其作用。

25. 叙述如何确定冲裁模的凸模、凹模刃口尺寸。

26. 叙述拉弯机模具数层拼合式结构凸模的主要特点。

27. 叙述确定工序顺序应遵循的主要依据和注意事项。

28. 叙述编制冲压工艺规程的主要步骤。
29. 叙述拉弯机拉弯常用的方法及拉弯力的作用。
30. 叙述使用模具前的准备工作。
31. 叙述模具的正确使用、保养和维护应注意的事项。
32. 叙述影响冲裁模使用寿命的主要因素。
33. 什么是节点？编程时为什么要进行节点计算？
34. 数控折弯机后挡料有几种动作？用哪些参数控制？
35. 描述数控拉弯机调整程序的过程。
36. 叙述钢丝钳的用途以及其钳口和刀口的作用。
37. 叙述游标卡尺的读数方法。
38. 叙述现行的GB/T和JB/T类冲压件质量检验标准有哪些。
39. 叙述什么是冲压检具。
40. 工作人员发现着火后如何进行处置？
41. 叙述员工班前、班后防火检查内容。

数控冲床操作工(高级工)答案

一、填 空 题

1. 部件　2. 装配　3. 线性尺寸　4. 大于
5. 基本　6. 上方　7. 向视　8. 方向
9. 箭头　10. 正等测　11. 平行于　12. 顶点
13. 水平　14. 可省略　15. 边长　16. 尺寸数字
17. 30°　18. 分界线　19. 理想　20. 基本偏差
21. 基轴制　22. 位置度　23. 基孔制　24. 数控技术
25. 硬件　26. 信息　27. 可编程逻辑控制器　28. CPU
29. 输入采样　30. 计算机　31. 插补器　32. CPU
33. 数字　34. 直线型　35. 速度　36. 速度
37. 交换　38. 自锁　39. 随机性　40. 软故障
41. 长度补偿　42. 手工编程　43. 人机对话　44. 刀具轨迹
45. 笛卡尔　46. 耐磨　47. 合金元素　48. 共用
49. 疲劳　50. 冲击韧性　51. 20～70　52. 随炉
53. 空气中　54. 高温　55. 时效　56. 变形
57. 动力　58. 定位　59. 防松动　60. 模数相等
61. 机械传动　62. 超过上死点　63. 液压式过载保护　64. 产品质量
65. 滑块行程慢　66. 滑车　67. 静　68. 刃口啃坏
69. 浮动镶块　70. 方向　71. 改变液体方向　72. 控制压力
73. 油箱油位　74. 普通螺纹　75. CNC 系统　76. 保护
77. 已成型部分　78. 安全性　79. 工艺要求　80. 凸模
81. 减薄　82. 某种缺陷　83. 严重　84. 弯曲半径
85. 精度　86. 塑性变形　87. 愈大　88. 总和等于零
89. 中性层内移　90. 各向异性　91. 不大　92. 折弯线的方向
93. 液压传动　94. 2 535×1 280　95. 8　96. 76.2
97. 15　98. 厚度　99. 圆角　100. 4
101. 两次弯曲　102. 操作者　103. 工件表面位置　104. 弹性回弹
105. 几何尺寸　106. 圆角　107. 过渡　108. 加工总余量
109. 过渡余量　110. 冲压工艺　111. 冲孔　112. 产品零件图
113. 工艺要求　114. 最有效　115. 弯矩　116. 弯曲
117. 局部　118. 整形　119. 破裂　120. 变形
121. 不　122. 局部　123. 复合模　124. 导柱

125. 修掉　126. 分离　127. 内形　128. 外形
129. 质量　130. 刃磨量　131. 折断　132. 凸模
133. 逐渐　134. 较小　135. 磨损　136. 圆角
137. 翻边　138. 略长　139. 同一个　140. 变形
141. 长方形　142. 连续冲裁　143. 小冲模　144. 干涉
145. 参数　146. 回弹　147. 冲孔　148. 双边
149. 小凸模　150. 8倍　151. 相同　152. 压痕
153. 断面　154. 刃磨　155. 不锋利　156. 间隙
157. 清理干净　158. 紧固　159. 形腔　160. 工作
161. Z　162. 手工　163. 程序　164. Y
165. R　166. Z　167. X　168. Y
169. X　170. 排孔　171. 搭接　172. 形状
173. 自由度　174. 角度　175. 旋转　176. 电流
177. 0.102　178. 测得值　179. 测量方法　180. 被测件
181. 成本低　182. 线性系统　183. 保持不变　184. IT6～IT10
185. 被测量　186. 省　187. 用人单位　188. 全部活动
189. 总时间　190. 输入　191. 非必需品

二、单项选择题

1. D　2. B　3. C　4. A　5. B　6. D　7. C　8. A　9. D
10. C　11. B　12. A　13. C　14. D　15. C　16. B　17. C　18. A
19. D　20. C　21. A　22. B　23. B　24. A　25. A　26. C　27. C
28. C　29. A　30. B　31. D　32. D　33. B　34. A　35. D　36. A
37. C　38. B　39. D　40. B　41. A　42. C　43. D　44. B　45. A
46. B　47. B　48. A　49. C　50. D　51. D　52. C　53. B　54. C
55. A　56. D　57. C　58. A　59. B　60. A　61. B　62. A　63. C
64. A　65. A　66. A　67. C　68. B　69. A　70. A　71. B　72. D
73. A　74. B　75. B　76. B　77. B　78. A　79. B　80. D　81. C
82. A　83. C　84. B　85. C　86. B　87. C　88. A　89. D　90. B
91. A　92. B　93. A　94. D　95. A　96. C　97. C　98. A　99. B
100. C　101. B　102. B　103. C　104. B　105. A　106. C　107. A　108. B
109. D　110. A　111. C　112. D　113. A　114. B　115. D　116. B　117. C
118. B　119. A　120. B　121. A　122. B　123. A　124. B　125. D　126. C
127. B　128. D　129. D　130. D　131. A　132. D　133. D　134. C　135. B
136. B　137. B　138. A　139. B　140. D　141. A　142. B　143. A　144. D
145. B　146. B　147. C　148. C　149. D　150. A　151. D　152. B　153. A
154. B　155. A　156. D　157. C　158. A　159. C　160. C　161. D　162. B
163. B　164. A　165. A　166. B　167. C　168. A　169. B　170. C　171. C
172. B　173. D　174. B　175. C　176. B　177. A　178. A　179. D　180. C

181. B 182. D 183. B 184. C 185. D 186. D 187. C 188. B 189. B

三、多项选择题

1. ABCD 2. ACD 3. BC 4. ABD 5. ABC 6. ACD
7. BCD 8. AC 9. ABD 10. ABC 11. BCD 12. BCD
13. ABD 14. ABCD 15. ACD 16. ABCD 17. ABD 18. BCD
19. BCD 20. AD 21. ABD 22. ABCD 23. ACD 24. BCD
25. ABD 26. ABCD 27. ABCD 28. ABC 29. ACD 30. ABCD
31. ABC 32. ACD 33. ABCD 34. ABD 35. ABC 36. ABC
37. ACD 38. ABCD 39. ABC 40. BC 41. CD 42. ABCD
43. BCD 44. ACD 45. ABD 46. ABCD 47. ABCD 48. AD
49. ABCD 50. AB 51. ABCD 52. ABCD 53. BCD 54. ABCD
55. ABC 56. ABCD 57. BC 58. ABCD 59. ABC 60. BC
61. AD 62. ABCD 63. ABCD 64. ABC 65. AC 66. ABCD
67. BD 68. BC 69. ABCDE 70. ABC 71. BD 72. ABCDE
73. CE 74. ABCD 75. ABCD 76. CD 77. CD 78. ABCD
79. BD 80. ABC 81. AB 82. ABD 83. ABD 84. AC
85. AB 86. ABCD 87. ABC 88. AC 89. ABCD 90. ABCD
91. ABCD 92. ABCD 93. AB 94. ABC 95. ABCD 96. ABCD
97. AB 98. ABCD 99. ABC 100. ABC 101. ABC 102. ABCD
103. ABCD 104. ABC 105. AB 106. AB 107. AB 108. ABC
109. ABC 110. ABCD 111. ABCD 112. BC 113. ABCD 114. AB
115. ABCD 116. ABC 117. ABC 118. ABC 119. ACD 120. AC
121. ACD 122. ABD 123. ABC 124. BD 125. ABC 126. ABD
127. ABC 128. ABCD 129. ABCD 130. BD 131. ABC 132. ABCD
133. AD 134. BD 135. AD 136. AD 137. BC 138. ACD
139. BCD 140. ABC 141. ABCD 142. ABC 143. ABCD 144. ABD
145. ABCD 146. BD 147. AD 148. ABCD 149. ABCD 150. AD
151. ACD 152. ABC 153. ACD 154. ABCD 155. ABCD 156. BCD
157. ABCD 158. AB 159. CD 160. ABC 161. ABCD 162. AB
163. ABCD 164. AB 165. ABCD 166. BC 167. ABC 168. ACD
169. ABC 170. ABD 171. ABC 172. ABCD 173. ABCD 174. AD
175. ABC 176. ABD 177. BCD 178. ABD 179. BCD 180. ACD
181. BCD 182. ABD 183. ABD 184. ABC 185. ABCD 186. AD
187. ABD

四、判 断 题

1. × 2. √ 3. × 4. √ 5. × 6. √ 7. × 8. √ 9. ×
10. × 11. √ 12. × 13. √ 14. √ 15. × 16. × 17. √ 18. √

19. × 20. √ 21. × 22. √ 23. √ 24. √ 25. × 26. √ 27. √
28. × 29. √ 30. √ 31. × 32. √ 33. √ 34. √ 35. √ 36. √
37. √ 38. √ 39. × 40. √ 41. × 42. √ 43. √ 44. √ 45. √
46. × 47. × 48. √ 49. √ 50. × 51. × 52. √ 53. × 54. √
55. × 56. √ 57. √ 58. √ 59. √ 60. √ 61. × 62. √ 63. √
64. × 65. √ 66. √ 67. × 68. × 69. × 70. √ 71. √ 72. ×
73. √ 74. √ 75. √ 76. √ 77. √ 78. × 79. √ 80. × 81. ×
82. × 83. × 84. √ 85. √ 86. × 87. × 88. × 89. √ 90. √
91. × 92. × 93. √ 94. × 95. √ 96. × 97. × 98. √ 99. √
100. × 101. √ 102. √ 103. √ 104. √ 105. √ 106. √ 107. × 108. √
109. × 110. √ 111. × 112. √ 113. √ 114. √ 115. × 116. √ 117. √
118. × 119. √ 120. × 121. √ 122. √ 123. × 124. × 125. √ 126. √
127. √ 128. × 129. √ 130. √ 131. × 132. √ 133. √ 134. × 135. √
136. √ 137. √ 138. √ 139. √ 140. × 141. √ 142. √ 143. √ 144. √
145. √ 146. × 147. √ 148. × 149. √ 150. × 151. √ 152. × 153. √
154. √ 155. √ 156. √ 157. × 158. √ 159. √ 160. √ 161. √ 162. √
163. √ 164. × 165. × 166. × 167. √ 168. × 169. √ 170. √ 171. ×
172. √ 173. √ 174. √ 175. × 176. √ 177. √ 178. × 179. √ 180. ×
181. × 182. √ 183. × 184. √ 185. × 186. √ 187. × 188. × 189. √
190. √ 191. ×

五、简 答 题

1. 答:黄铜 H 后面的数值表示铜含量的质量分数(1 分);白铜 B 后面的数值表示镍含量的质量分数(1 分);青铜 Q 后面是主加元素符号(1.5 分),跟着的数值表示主加元素含量的质量分数(1.5 分)。

2. 答:淬火是将钢加热到临界温度以上(1 分),保温后以大于临界冷却速度的速度(1 分),在淬火介质中急速冷却的热处理方法(1 分)。淬火可提高工件的硬度和耐磨性(1 分),还可改善特殊钢的理化性能(1 分)。

3. 答:回火是将淬火后的钢重新加热到一定温度,再用一定方法冷却的热处理方法(1 分)。其目的是:降低淬火应力,防止变形开裂(1 分);提高塑性和韧性,降低脆性(1 分);调整金属零件性能(1 分);稳定工件尺寸(1 分)。

4. 答:使用性能要求具备一定的断裂抗力(0.5 分)、变形抗力(0.5 分)、磨损抗力(0.5 分)、疲劳抗力(1 分)与抗咬合能力(1 分)。加工性能要求具有良好的锻造工艺性(0.5 分)、切削工艺性(0.5 分)、热处理工艺性(0.5 分)。

5. 答:锰急剧地增加钢的淬透性(1 分);硅增加钢的淬透性和回火稳定性(1 分);铬显著地增加钢的淬透性,有效地提高钢的回火稳定性(2 分);钼可提高淬透性和高温蠕变强度(1 分)。

6. 答:热锻变形抗力小(1 分),塑性好(1 分),锻造温度范围宽(1 分),锻裂、冷裂(1 分)及析出网状碳化物(1 分)的倾向小。

7. 答:(1)滑块完全进入导轨,即上下导轨之间(0.5 分);(2)轻轻松开闸头和活塞之间的固定螺栓(0.5 分);(3)松开螺母(0.5 分);(4)用螺栓调整导轨,直到间隙为正确值(1 分);(5)检查间隙值(1 分);(6)重新锁定螺母(0.5 分);(7)再检查间隙值(0.5 分);(8)不要忘记固定活塞和滑块间的螺栓(0.5 分)。

8. 答:(1)按使用的闸胎高度调节至闸头的上死点(0.5 分);(2)将夹紧压力调到最小(0.5 分);(3)在移开防护板和轻轻松开固定螺栓后,将上下闸胎固定到滑块和工作台上(1 分);(4)用螺栓使上胎和 V 形下胎中心对准(0.5 分);(5)滑块的工作速度向下,上胎轻轻进上 V 形下胎底部,上下胎表面良好接触(0.5 分);(6)拧紧所有固定螺栓(1 分);(7)检查接触面是否接触良好(1 分)。

9. 答:(1)固定抬举时将选择开挂放置在位置 0 或 1 上(2 分);(2)将带有闸胎的上滑块用手动方式下降到铁板上,铁板放在下模上,然后闸胎将压到滑块上(3 分)。

10. 答:机床的数控系统,根据给定曲线的数学模型,在理解的轨迹或轮廓上的起点与终点之间需计算出若干个中间点的坐标值,这一数据的密化工作称为插补(3 分)。编程时所给的刀具移动速度是指在各坐标的合成方向上的速度(2 分)。

11. 答:检测元件是数控机床伺服系统的重要组成部分(1 分)。它的作用是检测位移和速度,发送反馈信号,构成闭环控制(4 分)。

12. 答:(1)适宜的黏度和良好的黏温性能(1 分);(2)润滑性能好(2 分);(3)稳定性要好,即对热、氧化、水解和剪切都有良好的稳定性,使用寿命长(2 分)。

13. 答:数控机床按执行机构特点分类可分为:开环控制(2 分);闭环控制(2 分);半闭环控制(1 分)。

14. 答:通常将分水滤气器(2 分)、调压阀(2 分)和油雾器(1 分)组合在一起使用,通称气动三大件。

15. 答:压力机的精度是指压力机在设计时保证足够的刚度以后,其零部件在加工与装配中所应达到的技术指标(1 分)。

主要精度包括:(1)工作台面平面度(1 分);(2)滑块平面度(1 分);(3)滑块与工作台面平行度(1 分);(4)滑块运行与工作台面垂直度(1 分)。

16. 答:是指连杆调到最短,滑块停在下死点(2.5 分),滑块下平面到工作台上平面的距离叫压力机的最大闭合高度(2.5 分)。

17. 答:弯曲件的弯曲半径过大会使工件产生回弹(2.5 分);弯曲件的弯曲半径过小工件容易被拉裂(2.5 分)。

18. 答:冲裁件的工艺性是指冲裁件产品对冲压工艺的适应性(5 分)。

19. 答:主要有三种:压弯、滚弯和拉弯(2 分)。这三种方法中压弯是主要的(1 分),此外还有折弯、扭弯、手工弯曲等多种方法(2 分)。

20. 答:主要有弯裂(1 分)、回弹(1 分)、偏移(1 分)、擦伤(2 分)等。

21. 答:主要有补偿法(1 分)、加压校正法(1 分)、拉弯法(1 分)、改进制件的结构设计(2 分)。

22. 答:弯曲件的圆角半径过大(1.5 分),受到回弹的影响(1.5 分),弯曲角度(1 分)与圆角半径(1 分)都不易保证。

23. 答:当弯边长度较小时,弯边在模具上支持的长度过小(2 分),不容易形成足够的弯矩

(2分),很难得到形状准确的零件(1分)。

24. 答:弯曲件形状应对称(1分),弯曲半径左、右应一致(2分),以保证弯曲时板料的平衡(1分),防止产生滑动(1分)。

25. 答:毛料展开尺寸等于弯曲件直线部分长度(2.5分)和圆弧部分长度之和(2.5分)。

26. 答:计算无圆角半径或圆角半径很小的弯曲件,其毛料尺寸是根据毛料与制件体积相等,并考虑到在弯曲处材料变薄情况而求得的(2.5分)。在这种情况下,毛料长度等于各直线段长度之和再加上弯角处的长度(2.5分)。

27. 答:在拉弯过程中常用预先将制件拉弯后再进行弯曲(2.5分),最后补拉的方法(2.5分)。

28. 答:采用冲压工艺制造的零件(2.5分),对冲压工艺的适应性(2.5分),即为冲压件的工艺性。

29. 答:(1)弯曲角度大小(1分);(2)材料的展开方向(1分);(3)材料表面和冲裁表面的质量(1分);(4)材料的机械性能与热处理状态(1分);(5)材料几何形状及尺寸(1分)。

30. 答:间隙越小,变形区应力状态中压应力成分越大拉应力成分越小,所以变形拉力提高(2分),冲裁力加大,间隙越大(1分)。拉应力成分越大,变形抗力减少,冲裁力也变小(2分)。

31. 答:冲裁模在工作时凸模(1分)和凹模(1分)工作部分之间的空隙(3分)称为冲裁间隙。

32. 答:冲裁精度是指落料(1分)或冲孔后所得到的冲压零件(2分)是否符合所要求的尺寸精确度(2分)。

33. 答:将金属材料在冲模压力下(1分),弯折一定角度(1分)、曲率(1分),制成各种立体形状工件的加工方法(2分),称为弯曲工序。

34. 答:回弹是当外力去掉后,弹性变形部分恢复,会使工件的角度和弯曲半径发生改变。

35. 答:(1)材料的机械性能(1分);(2)弯曲变形程度(0.5分);(3)弯曲角度(0.5分);(4)弯曲形状(1分);(5)校正程度(1分);(6)冲模构造(1分)。

36. 答:特点是:变形量很小(1.5分);对模具的开关与尺寸的精度要求高(1.5分);要求压力机的滑块到下死点时,对工件要施加校正力(2分)。

37. 答:主要目的是增加平板的刚度(1分);降低零件的自重(1分);提高板材的平直度(1分);提高零件的外表美观(2分)。

38. 答:翻孔是在毛坯上预先加工孔(1分)或不预先加工孔(1分),使孔的周围材料弯曲(1分)而竖起凸缘的冲压工艺方法(2分)。

39. 答:冲裁模是沿封闭(1.5分)或敞开的轮廓线(1.5分)使材料产生分离(2分)的模具。

40. 答:弯曲模是使板料毛坯(1分)或其他坯料(1分)沿着直线(弯曲线)(1分)产生弯曲变形(1分),从而获得一定角度和形状的工件(1分)的模具。

41. 答:种类主要有固定挡料销(1分)、弹性挡料销(1分)、导正销(1分)、定位板(2分);作用是用于控制坯料的送进方向(1.5分)和送进距离(1.5分),确保坯料在冲模中的正确位置的零件(2分)。

42. 答:模柄是突出于上模板顶面的圆柱形零件(1分),工作时伸入压力机滑块的固定孔中(1分)并被夹紧固定(1分);作用是用来将上模固定在压力机滑块上(2分)。

43. 答:优点主要有模具结构简单(1 分)、制造成本低(1 分)、易于维修(1 分),适用于小批量生产(2 分)。

44. 答:主要有尖头形(1 分)、圆头形(1 分)、平端形(1 分)。尖头形适用于折弯薄钢板(1 分);圆头形适用于折弯中厚钢板(0.5 分);平端形主要用于压扁(0.5 分)。

45. 答:拉弯凸模的断面形状应符合拉弯件断面形状特点(2 分),凸模的长度应大于工件的长度(1.5 分),凸模的两端头应倒成圆角便于毛坯料流动和防止划伤零件(1.5 分)。

46. 答:复合模是只有一个工位(1 分),在压力机的一次行程中(1 分),在同一工位上(1 分)同时完成两道(1 分)或两道以上冲压工序的模具(1 分)。

47. 答:主要根据冲压工序的种类(1 分)、生产批量的大小(1 分)、工件的几何尺寸(1 分、工件的材料厚度(1 分)和精度要求(1 分)等。

48. 答:主要内容有零件的加工工艺路线(1 分),各工序的具体加工内容(1 分),毛坯尺寸(1 分)、切削用量(1 分)以及所采用的设备型号(0.5 分)和工艺装备类型等(0.5 分)。

49. 答:选择定位基准时原则上各工序的定位应尽可能使定位基准和设计基准重合(1 分),各工序尽可能采用同一个基准或部位定位(1 分),要保证定位可靠(1 分),操作安全方便(2 分)。

50. 答:拉弯工序主要内容是在毛坯弯曲前在毛坯两端施加拉力(1 分),再将预拉的毛坯沿弯曲模具型面进行弯曲(1 分),然后补加拉力(1 分)使其贴模成型(2 分)。

51. 答:根据零件的材料厚度(1 分)、材料机械性能(1 分)、几何形状(1 分)、折弯部分圆角半径(1 分)、外形尺寸(1 分)等。

52. 答:主要有折弯机滑块与下台面的平行度超差(2 分)、折弯上模和下模的工作线(面)不平行(1.5 分)、折弯上模和下模的工作部分尺寸不一致(1.5 分)。

53. 答:主要与折弯下模槽口的形状(1 分)和大小(1 分)、折弯上模的圆角半径(1 分)以及折弯机的折弯力(2 分)有关。

54. 答:目的是为保证正常生产(1 分),保证产品质量(1 分)、减少故障(1 分),延长模具使用寿命(2 分)。

55. 答:模具使用中,导柱导套等导向部位要定期加润滑油(1.5 分),要定期对相应部位(1.5 分)和刃口上多次加润滑油(1 分),应定期清理废料(1 分)。

56. 答:数控折弯机的折弯角度通过 $Y1$、$Y2$ 两个参数控制(1 分),控制滑块的行程,控制凸模进入凹模的深度(2 分),从而控制折弯角度(1 分)。

57. 答:首先设置料件的大小(0.5 分),然后输入材料的厚度(1 分),选择制件的某个角为编程坐标(0.5 分),按孔大小选择模具(0.5 分),选择排孔模式(1 分),设置第一个孔中心坐标(0.5 分),最后设置孔距及孔数(1 分)。

58. 答:有两种(2 分)。分别为圆周分布(1.5 分)和内部轮廓(1.5 分)。

59. 答:数控拉弯机程序调整可以采用单步调整(2.5 分)和批量调整(2.5 分)两种方式。

60. 答:拉弯程序中的正位移代表液压缸收缩(2.5 分),负位移代表液压缸伸出(2.5 分)。

61. 答:主要有划线平台(1 分)、划针(1 分)、划针盘(0.5 分)、划规(0.5 分)、高度尺(0.5 分)、90°角尺(0.5 分)、样冲(0.5 分)、支承工具(千斤顶、V 形铁)(0.5 分)等。

62. 答:使用冷却液能在切削过程中带走大量的热(1 分),还有润滑作用(1 分),能提高刀具寿命(1 分)和工件质量(2 分)。

63. 答：扩孔是使用扩孔钻（1分）或钻头（1）对工件上已钻出的孔（1分）进行扩大钻削（2分）的加工方法。

64. 答：测量误差按其性质可分为：系统误差（1分）、随机误差（1分）和粗大误差（1分）。

测量误差的主要来源有：计量器具误差（0.5分）、测量方法误差（0.5分）、测量环境误差（0.5分）、测量人员误差（0.5分）。

65. 答：分度间距（刻度间距）是指计量器具的刻度标尺或刻度盘上相邻刻线中心之间的距离（2.5分），一般为1～2.5 mm；而分度值（刻度值）是指计量器具的刻度尺或刻度盘上相邻两刻线所代表的量值之差（2.5分）。

66. 答：示值误差是指计量器具上的示值与被测量真值的代数差（2分）；而修正值是指为消除系统误差（1分），用代数法加到未修正的测量结果上的值（1分）。修正值与示值误差绝对值相等而符号相反（1分）。

67. 答：工件出现缩颈处的表面特点是：(1)缩颈处的材料较正常处发涩、发白（2分）；(2)缩颈处材料变薄严重，有疏松感（1分）；(3)缩颈有时只发生在材料的单面，需要两面检查（2分）。

68. 答：共分7种（1.5分）。主要有原料（0.5分）、辅料（0.5分）、包材（0.5分）、半成品（0.5分）、成品（0.5分）、生产用水（0.5分）及其他（0.5分）。

69. 答："三证一书"就是生产许可证（1分）、产品合格证（1分）、安全鉴定证（1分）和安全标志说明书（2分）。

70. 答：能够实现组织的环境方针、目标指标（2分），重大环境因素是否得到有效控制（2分），已建立并有效运行自我完善机制（1分）。

六、综 合 题

1. 答：钢的退火种类有：完全退火（1分）、不完全退火（1分）、球化退火（1分）、等温退火（1分）、去应力退火（1分）、再结晶退火（1分）。钢的退火目的有：(1)调整硬度，便于切削加工（1分）；(2)消除残余应力，防止变形和开裂（1分）；(3)细化晶粒，提高力学性能（1分）；(4)为最终热处理做组织准备（1分）。

2. 答：使用性能要求具备：(1)硬度在4 052 HRC（1分）；(2)较高的强度（1分）；(3)较高的冲击韧性（1分）；(4)良好的热稳定性（1分）；(5)良好的回火稳定性（1分）；(6)高的热疲劳抗力（1分）；(7)好的抗热磨损与氧化性（1分）。

加工性能要求具有良好的：锻造工艺性（1分）、切削工艺性（1分）、热处理工艺性（1分）。

3. 答：Cr12MoV钢具有很高的淬透性（1分），截面厚度为300～400 mm以下者可以完全淬透（2分），在300～400℃时仍可保持良好的硬度和耐磨性（2分），韧性较Cr12钢高（1分），淬火时体积变化小（1分）。可用来制造断面较大（1分）、形状复杂（1分）和经受较大冲击载荷作用（1分）的各种模具和工具。

4. 答：(1)开动寸动行程将滑块运行到上死点位置（2.5分）；(2)将过载保护开关转换到复位位置（2.5分）；(3)使压缩空气进入过载保护系统，这时气动泵开始工作并打压至预定压力，绿色正常灯亮（2.5分）；(4)将过载保护选择开关拨回工作位置（2.5分）。

5. 答：(1)后挡尺精度差（2.5分）；(2)剪刃过度磨损（2.5分）；(3)剪刃间隙调整不合适（2.5分）；(4)压料力过低（2.5分）。

6. 答:原因:离合器作用不良,脱不开(2.5 分)。制动器性能不好(2.5 分)。离合器与制动器的连杆长度不合理等(2.5 分)。排除方法:调节制动器的制动带,调整连接杠杆长度和由检修工检修离合器(2.5 分)。

7. 答:液压缸在行程终端位置设置缓冲装置,是为了在活塞尚未达到行程终端位置时,使回油阻力增大,从而减缓了活塞移动的速度(5 分),以达到避免活塞与端盖相撞而产生冲击和噪声,造成液压缸部分零件损坏,配管破裂,控制阀失灵,甚至造成设备和人身事故的发生(5 分)。

8. 答:材料的厚度,闸线的长度,材质(2 分),下模的开口尺寸(1 分),上模圆弧尺寸 R 的大小(1 分),材料的抗拉强度(1 分),折弯角度,折弯尺寸(1 分),折弯速度(1 分),保压时间,回程速度(1 分),滑块的速度变换点位置(1 分),挡尺的后当量尺寸等(1 分)。

9. 答:(1)可防止当滑块向下运动时因其自重而迅速下降造成反向冲击(4 分);(2)可以消除连杆与滑块的间隙,减小冲击和磨损(3 分);(3)可以降低装模高度,调整机构的功率消耗(3 分)。

10. 答:(1)所设计的模具能冲出符合图纸的形状尺寸的工件(2 分);(2)模具结构简单,安装牢固,维修方便,坚固耐用(3 分);(3)操作方便,工作安全可靠(3 分);(4)便于制造,价格低廉(2 分)。

11. 答:(1)工件形状应力求简单对称(2 分);(2)工件的外形应避免尖角(1 分);(3)冲孔尺寸不应太小(1 分);(4)工件的尺寸标准(1 分);(5)工件的尺寸精度(1 分);(6)当使用上允许时,工件外形应符合少废料或无废料冲裁排样(2 分);(7)工件上的孔的分布(2 分)。

12. 解:$P=1.3P_0=1.3Lt\tau_0=1.3\times3.14\times200\times3\times200=489\ 840(\mathrm{N})$(9 分)

答:实际冲裁力为 489 840 N(1 分)。

13. 答:步冲机成型加工一般有 3 种加工方式(4 分),即单次成型加工(2 分)、连续成型加工(2 分)、阵列成型加工(2 分)。

14. 答:由于弯曲,材料外表面的部位在圆周方向受拉,产生收缩变形(4 分),内表面部位在圆周方向受压,产生外侧变厚,伸长变形(4 分),因而沿弯曲线方向出现翘曲和端面上产生鼓起现象(2 分)。

15. 解:根据公式:$P=1.3P_0=1.3Lt\tau_0$(6 分)

则 $P=1.3\times(80\times2+2\pi\times15)\times4\times310=409\ 448(\mathrm{N})$(3 分)

答:实际冲裁力为 409 448 N(1 分)。

16. 答:当板料弯曲件细而长时,沿着折弯线方向制件的刚度小(2 分),宽向应变将得到发展,外区收缩(2 分)、内区延伸(2 分),结果使折弯线凹曲(2 分),造成制件的纵向翘曲(2 分)。

17. 解:$L=15+25+6+30+8+10+18+0.25\times6\times2.5=112+3.75=115.75(\mathrm{mm})$(9 分)

答:毛料展开长度为 115.75 mm(1 分)。

18. 答:塑性好的材料,外区纤维允许变形程度就大(3 分),许可的最小弯曲半径就小(3 分),塑性差的材料,最小弯曲半径就要相应大些(4 分)。

19. 答:由于冲裁后的制件有加工硬化现象(4 分),若未经退火就进行弯曲,则最小弯曲半径就应大些(3 分),若经退火后进行弯曲,则最小弯曲半径可小些(3 分)。

20. 答:成型是指用各种不同性质的局部变形(2 分)来改变毛坯形状的各种工序(2 分)

主要工序有起伏成型(1 分)、翻孔(1 分)、翻边(1 分)、整形(1 分)、校形(0.5 分)、胀形(0.5 分)、缩口(0.5 分)、压印(0.5 分)等。

21. 答:起伏成型是一种使材料发生拉伸(1 分),形成局部的凹进(1 分)或凸起(1 分),来改变毛坯(1 分)或半成品形状的方法(1 分)。起伏成形能提高工件的刚度(2 分),提高工件的平直度(1 分),能降低工件的自重(1 分),能增加工件的表面美观(1 分)。

22. 答:连续模是在坯料的送进方向上,具有两个或更多的工位(1 分),在压力机的一次行程中(1 分),随着坯料的连续送进(1 分),在不同的工位上逐次完成两道(1 分)或两道以上冲压工序的模具(1 分)。优点是采用调料或带料连续冲裁加工(1.25 分)生产率高(1.25 分)、操作方便(1.25 分)、材料利用率高(1.25 分)。

23. 答:主要有工作零件(1 分)、定位零件(1 分)、卸料零件(1 分)、导向零件(1 分)、支承零件(1 分)。

工作零件可以直接使材料分离或变形(1 分);定位零件是使毛坯或半成品得以在模具上正确定位;卸料零件是将抱在凸模上或卡在凹模内的废料或工件卸除掉(1 分);导向零件是保证上、下模位置正确(1 分);支承零件是用于支承和固定其他模具的零件(1 分)。

24. 答:主要有凸模(0.5 分)、凹模(0.5 分)、凸凹模(0.5 分)和凸、凹模组成(0.5 分)等。作用是与被加工坯料直接接触(1 分)并对其施加压力(1 分),使其状态产生各种变化(0.5 分),以完成冲压工序的零件(0.5 分)。

25. 答:冲孔时应以凸模刃口尺寸为基准(2 分),间隙取在凹模上(2 分);落料时应以凹模刃口尺寸为基准(2 分),间隙取在凸模上(2 分);考虑冲裁过程中凸模、凹模的磨损(1 分);应考虑制件的公差要求(1 分)。

26. 答:主要特点是拉弯机模具的断面形状应符合工件的断面形状特点(2 分);为了节省模具费用便于制造,拉弯模常由数层拼合(2 分),用螺栓及销钉连接而成(2 分);拉弯模的有效工作长度应比零件切割长度略长(2 分),拉弯模两端头应倒成圆角(2 分)。

27. 答:主要依据有工件的形状尺寸(1 分)、复杂程度(1 分)、精度要求(1 分)及工序的性质(1 分)、模具(1 分)和设备水平(1 分)。安排工序顺序时既要考虑技术上的可能性(1 分),零件质量的稳定性(1 分),又要保证经济上的合理性(1 分)。

28. 答:主要步骤有审查和分析冲压件的工艺性(1 分),确定冲压件的工艺方案(1 分)及毛坯尺寸(1 分),确定冲压工序种类(1 分)、工序的顺序(1 分)、工序的数量(1 分)、工序的组合(1 分)、模具类型(1 分)、设备类型和规格(1 分),最后编写工艺规程(1 分)。

29. 答:常用的方法是在毛坯弯曲前在毛坯两端施加拉力(1 分),再将预拉的毛坯(1 分)沿弯曲模具型面进行弯曲(1 分),然后补加拉力(1 分)使其贴模成型(1 分)。拉弯力的作用是保证工件弯曲时不起皱(1 分),能顺利地进入拉弯模(1 分),回弹小(1 分),成型精度高(1 分),截面尺寸不超差(1 分)。

30. 答:(1)对照工艺文件,检查所使用的模具是否正确,其规格、型号是否与工艺文件统一(2 分);(2)应先了解所用模具的性能、结构特点、动作原理及操作方法(2 分);(3)检查所使用设备是否与所使用的模具配套(2 分);(4)检查所使用的模具是否完好,使用的材料是否合适(2 分);(5)检查模具的安装是否正确,各紧固部位是否有松动现象(1 分);(6)开机前,将工作台及模具上的杂物清除干净,以防止开机后损坏模具或出现不安全隐患(1 分)。

31. 答:(1)模具安装使用前应严格检查,清除脏物(1.5 分);(2)定期对模具安装底座进行检查(1.5分);(3)按照模具的安装程序安装模具(1.5分);(4)模具安装后,应检查模具安装底座各紧固螺钉是否锁紧无误(1.5分);(5)冲床模具的凸模和凹模磨损时应停止使用,及时刃磨(1.5分);(6)模具运送过程中要轻拿轻放,决不允许乱扔乱碰(1.5分);(7)模具使用后应及时放回指定位置,作涂油防锈处理(1分)。

32. 答:(1)模具结构(1.5分);(2)工作零件的材料(1.5分);(3)凸、凹模间隙(1.5分);(4)模具精度(1.5分);(5)材料的机械性能(1分);(6)冲压板材的厚度(1分);(7)模具的正确使用(1分);(8)模具的维护保养(1分)。

33. 答:逼近线段与被加工曲线的交点称为节点(2分)。当被加工零件轮廓形状与机床的插补功能不一致时,就要采用逼近法加工(2分),用直线或圆弧去逼近被加工曲线(2分)。计算出逼近线段与被加工曲线的交点即节点(2分),在编程时就可使用这些节点坐标值分段编程(2分)。

34. 答:数控折弯机的后挡料可以前后运动(2分)、上下运动(1分)、左右运动(1分)。后挡料前后运动用参数 X 控制(2分),后挡料上下运动用参数 R 控制(2分),后挡料左右运动用参数 Z 控制(2分)。

35. 答:首先将模式控制按钮调整到学习模式(2分),输入授权口令(1分),选择要调整到程序段,点击修改选项(2分),可以对拉伸量及角度进行调整(2分),如果有连续多步程序需要调整,可以选择批量调整模式(1分),输入开始和结束程序段号,输入相关参数进行调整(2分)。

36. 答:钢丝钳是电工用于剪切或夹持导线(2分)、金属丝(2分)、工件(1分)的常用钳类工具。钢丝钳的钳口用于弯绕和钳夹线头(1分)或金属及非金属物体(1分);钢丝钳的刀口用于切断电线(1分)、起拔铁钉(1分)、削剥导线绝缘层(1分)等。

37. 答:游标卡尺的读数方法可分为三步;(1)根据副尺零线以左的主尺上的最近刻度读出整数(3.5分);(2)根据副尺零线以右与主尺某一刻线对准的刻度线乘以精度读出小数(3.5分);(3)将以上的整数和小数两部分尺寸相加即为总尺寸(3分)。

38. 答:现行的GB/T和JB/T类标准主要有:《冲压件尺寸公差》,分为ST1~ST11共11个等级(2分);《冲压件尺寸公差》,分为FT1~FT10共10个等级(2分);《冲压件角度公差》,分为AT1~AT6共6个等级(2分);《冲压件角度公差》,分为BT1~BT5共5个等级(2分);《冲压件毛刺高度》,分为f、m、g三个等级(2分)。

39. 答:冲压检具是一种用来测量和评价零件尺寸质量的专用检测装备(2分)。使用检具及量具(1分),可以对冲压件进行立体型面、边界线、孔位和孔径精确度等项目的检测(2分)。检测方法是将被测制件放在检具的定位面上(2分),夹紧固定后(1分),通过检测量具对零件相对检具上各项基准点做误差测量(2分)。

40. 答:工作人员发现着火后,要立即通过报警按钮、楼层电话、无线对讲系统或手机向消防控制室反馈信息(3分),并通过呼喊等方式,通知现场其他员工按照职责分工实施灭火,引导人员疏散等(3分)。本人还可以通过使用灭火器、室内消火栓等消防器材设施,进行初期火灾扑救(4分)。

41. 答:主要检查:用火、用电有无违章情况(2分);安全出口、疏散通道是否畅通,有无堵塞、锁闭情况(3分);消防器材、消防安全标志完好情况(3分);场所有无遗留火种(2分)。

数控冲床操作工(中级工)技能操作考核框架

一、框架说明

1. 依据《国家职业标准》注,以及中国北车确定的“岗位个性服从于职业共性”的原则,提出数控冲床操作工(中级工)技能操作考核框架(以下简称:技能考核框架)。

2. 本职业等级技能操作考核评分采用百分制。即:满分为100分,60分为及格,低于60分为不及格。

3. 实施“技能考核框架”时,考核制件(活动)命题可以选用本企业的加工件(活动项目),也可以结合实际另外组织命题。

4. 实施“技能考核框架”时,考核的时间和场地条件等应依据《国家职业标准》,并结合企业实际确定。

5. 实施“技能考核框架”时,其“职业功能”的分类按以下要求确定:

(1)“数控程序编制”、“工件加工”属于本职业等级技能操作的核心职业活动,其“项目代码”为“E”。

(2)“工艺准备”和“精度检验及误差分析”、“模具与设备的维护保养”属于本职业等级技能操作的辅助性活动,其“项目代码”分别为“D”和“F”。

6. 实施“技能考核框架”时,其“鉴定项目”和“选考数量”按以下要求确定:

(1)按照《国家职业标准》有关技能操作鉴定比重的要求,本职业等级技能操作考核制件的“鉴定项目”应按“D”+“E”+“F”组合,其考核配分比例相应为:“D”占20分,“E”占60分(其中:数控编程10分,工件加工50分),“F”占20分(其中:精度检验及误差分析10分,模具与设备的维护保养10分)。

(2)依据中国北车确定的“核心职业活动选取2/3,并向上取整”的规定,在“E”类鉴定项目——“数控程序编制”、“冲裁件加工”、“折弯件加工”及“拉弯件加工”的全部4项中,至少选取3项(由于本职业的特殊性,数控程序编制必选,冲裁件加工、折弯件加工、拉弯件加工3项任选1项,即选取了2项)。

(3)依据中国北车确定的“其余‘鉴定项目’的数量可以任选”的规定,“D”和“F”类鉴定项目——“工艺准备”、“精度检验及误差分析”、“模具的维护保养”中,至少分别选取1项。

(4)依据中国北车确定的“确定‘选考数量’时,所涉及‘鉴定要素’的数量占比,应不低于对应‘鉴定项目’范围内‘鉴定要素’总数的60%,并向上取整”的规定,考核制件(活动)的鉴定要素“选考数量”应按以下要求确定:

①在“D”类“鉴定项目”中,在已选定的1个或全部鉴定项目中,至少选取已选鉴定项目所对应的全部鉴定要素的60%项,并向上保留整数。

②在“E”类“鉴定项目”中,在已选的2个鉴定项目所包含的全部鉴定要素中,至少选取总数的60%项,并向上保留整数。

③在“F”类“鉴定项目”中，对应“精度检验及误差分析”、“模具的维护与保养”、“设备的维护与保养”，在已选定的鉴定项目中，至少选取已选鉴定项目所对应的全部鉴定要素的 60% 项，并向上保留整数。

举例分析：

按照上述“第 6 条”要求，若命题时按最少数量选取。即：在“D”类鉴定项目中选取了“设备基本操作”1 项，在“E”类鉴定项目中选取了“数控编程”、“冲裁件加工”2 项，在“F”类鉴定项目中分别选取了“精度检验及误差分析”和“模具的维护与保养”2 项。则：此考核制件所涉及的“鉴定项目”总数为 5 项，具体包括：“设备基本操作”，“数控编程”，“冲裁件加工”，“精度检验及误差分析”，“模具的维护与保养”。

此考核制件所涉及的鉴定要素“选考数量”相应为 14 项，具体包括：“设备基本操作”鉴定项目包含的全部 4 个鉴定要素中的 3 项，“数控编程”、“冲裁件加工”2 个鉴定项目包括的全部 11 个鉴定要素中的 7 项，“精度检验与误差分析”鉴定项目包含的全部 3 个鉴定要素中的 2 项，“模具的维护与保养”鉴定项目包含的全部 3 个鉴定要素中的 2 项。

7. 本职业等级技能操作需要两人及以上共同作业的，可由鉴定组织机构根据“必要、辅助”的原则，结合实际情况确定协助人员的数量。在整个操作过程中，协助人员只能起必要、简单的辅助作用。否则，每违反一次，至少扣减应考者的技能考核总成绩 10 分，直至取消其考试资格。

8. 实施“技能考核框架”时，应同时对应考者在质量、安全、工艺纪律、文明生产等方面行为进行考核。对于在技能操作考核过程中出现的违章作业现象，每违反一项(次)至少扣减技能考核总成绩 10 分，直至取消其考试资格。

注：按照中国北车规定，各《职业技能操作考核框架》的编制依据现行的《国家职业标准》或现行的《行业职业标准》或现行的《中国北车职业标准》的顺序执行。

二、数控冲床操作工(中级工)技能操作鉴定要素细目表

职业功能	鉴定项目				鉴定要素		
	项目代码	名称	鉴定比重(%)	选考方式	要素代码	名称	重要程度
工艺准备	D	设备基本操作	20	任选	001	对设备进行安全检查	Y
					002	开机启动/关闭操作系统	Y
					003	机床走零点，定位精度检验	Y
					004	试运行，控制系统检验	X
		加工准备			001	能够读懂冲压件产品图	X
					002	能正确理解工艺技术要求	X
					003	能够正确选择工具、量具	Y
					004	能够正确选择夹具、模具	X
数控程序编制	E	数控编程	10	必选	001	能够创建并命名数控程序	X
					002	能够确定合理的加工顺序	X
					003	能够编制一般复杂① 制件数控程序	X
					004	能够修改数控程序	X
					005	能够删除数控程序	X

续上表

职业功能	项目代码	名称	鉴定比重(%)	选考方式	要素代码	名称	重要程度
工件加工	E	冲裁件加工	50	结合实际情况任选1项	001	正确对坯料尺寸进行检查	Y
					002	正确安装调整模具	Y
					003	能够根据实际需要设置加工参数	Z
					004	能够对程序进行校验	X
					005	同方向或多方向连续冲裁加工	X
					006	能够完成一般复杂制件的加工	X
		折弯件加工			001	正确对坯料尺寸进行检查	Y
					002	确定正确加工参数	Y
					003	合理选择定位基准	X
					004	试加工	X
					005	制件加工过程中的检测与补偿参数的调整	X
					006	能够完成一般复杂制件的加工	Y
		拉弯件加工			001	正确对坯料尺寸进行检查	Y
					002	能够正确安装及调整模具	Y
					003	常用材料识别和性能认知	X
					004	能够根据实际需要设置加工参数	X
					005	会用工具对制件进行调修	Y
					006	能够完成一般复杂制件的加工	X
精度检验及误差分析		精度检验及误差分析	10	必选	001	能够正确的使用量具	Y
					002	能够判断产品实际尺寸是否满足技术要求	X
					003	能够分析出常见的误差及缺陷产生的原因	X
模具设备的维护保养	F	模具的维护与保养	10	任选	001	模具的正确拆卸	Y
					002	模具的合理储运	Y
					003	模具的除尘与防锈	Y
		设备的维护与保养			001	设备操作规程	X
					002	设备日常点检	X
					003	设备润滑	X
					004	根据维护保养手册维护保养设备	X
					005	识别报警排除简单故障	X
					006	现场5S管理	X

① 制件的复杂程度分为一般复杂、较复杂、复杂情况。一般复杂制件：折弯刀数4刀以内（含4刀）的折弯件；只含1个弧线的拉弯件；只含有单方向或多方向连续孔的平板步冲件。较复杂制件：折弯刀数6刀以内（含6刀）的折弯件；含3个弧线的拉弯件；含单个或多个连续孔，并需要对轮廓进行蚕食加工的平板步冲件。复杂制件：折弯刀数6刀以上的折弯件；含3个以上弧线的拉弯件；含单个或多个连续孔，并需要对轮廓进行蚕食加工的非平板（需要应试者进行展开尺寸计算）步冲件。本备注作为命题人出题的参考，命题人还应结合实际情况合理掌控。

重要程度中X表示核心要素，Y表示一般要素，Z表示辅助要素。下同。

数控冲床操作工(中级工)技能操作考核样题与分析

职 业 名 称：________________

考 核 等 级：________________

存 档 编 号：________________

考核站名称：________________

鉴定责任人：________________

命题责任人：________________

主管负责人：________________

中国北车股份有限公司劳动工资部制

职业技能鉴定技能操作考核制件图示或内容

按图纸要求，完成补板 3 个 10×20 长圆孔及 12 个 ϕ35 圆孔的加工。技术要求：圆孔形状尺寸误差≤0.5 mm，位置尺寸误差≤0.5 mm，12 个孔累计误差≤2 mm。

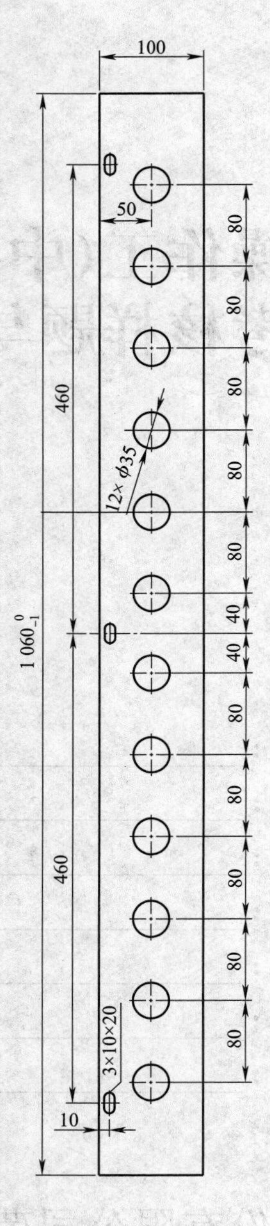

职业名称	数控冲床操作工
考核等级	中级工
试题名称	补板冲孔加工
材　　质	钢板 1.5-SUS301L-DLT

职业技能鉴定技能操作考核准备单

职业名称	数控冲床操作工
考核等级	中级工
试题名称	补板冲孔加工

一、材料准备

1. 材料材质:钢板 1.5-SUS301L-DLT
2. 坯件尺寸:1.5×100×1 060(−1,0)

二、设备、工、量、卡具准备清单

序　号	名　称	规　格	数　量	备　注
1	步冲机	TCR500R	1台	
2	卷尺	3.5 m	1把	
3	卡尺	150 mm	1把	
4	记号笔	黑色	1支	

三、考场准备

1. 相应的公用设备、设备与器具的润滑与冷却等
2. 相应的场地及安全防范措施
3. 其他准备

四、考核内容及要求

1. 考核内容(按考核制件图示及要求制作)
2. 考核时限 120 分钟
3. 考核评分(表)

职业名称	数控冲床操作工	考核等级	中级工		
试题名称	补板冲孔加工	考核时限	120 分钟		
鉴定项目	考核内容	配分	评分标准	扣分说明	得分
加工准备	读懂产品图纸	5	知道本工序加工任务,每漏一项扣 2 分		
	读懂工艺要求	5	知道需要达到的标准,每漏一项扣 2 分		
	正确选择工具、量具	5	根据制件精度选取合适量具,选取不合理不得分		
	正确选择夹具、模具	5	每种模具选择不合理扣 2 分,选择错误不得分		

续上表

鉴定项目	考核内容	配分	评分标准	扣分说明	得分
数控编程	能够创建程序	2	不能正确创建程序不得分		
	按制件图号重命名程序	1	不会重命名不得分		
	按图纸正确编制数控程序	6	每漏编或错误一项扣2分		
	正确删除数控程序	1	操作错误不得分		
工件加工	坯料尺寸检查	3	不做检查不得分		
	给出检查结论	3	判断错误不得分		
	模具安装正确	5	安装错误每处扣2分		
	模具调整正确	10	不做调整不得分,每调整错误一处扣3分		
	设置合理加工速度	5	加工速度不合理不得分		
	补偿参数的合理设置	10	设置不合理每处扣3分		
	坯料正确定位及夹紧	3	不正确每项扣3分		
	加工过程监控	3	如考试中出现异常未做处理不得分		
	卸下完成制件并合理存放	3	正确卸下制件得2分,制件存放不合理扣3分		
	制件成型质量控制	5	制件成型质量每超差一处扣2分		
精度检验及误差分析	正确使用量具	2	量具使用错误不得分		
	利用量具读取正确尺寸	2	读数每错一处扣1分		
	判断制件是否合格	2	给出正确结论加2分		
	常见的缺陷种类	2	每掌握1种加1分		
	掌握常见误差或缺陷产生的原因	2	每掌握1种加1分		
设备的维护与保养	设备使用前应做什么	1	说出3条以上得分		
	设备使用中应注意什么	1	说出3条以上得分		
	设备使用后应注意什么	1	说出3条以上得分		
	点检卡正确填写	2	书写不规范扣1分,填写错误不得分		
	正确润滑	2	正确指出加油点位置,少指一处扣1分		
	常见报警指令及解决措施	3	每说出1种报警指令及解决措施得1分		
综合考核项目	考核时限		每超时5分钟,扣10分		
	工艺纪律		依据企业有关工艺纪律规定执行,每违反一次扣10分		
	劳动保护		依据企业有关劳动保护管理规定执行,每违反一次扣10分		
	文明生产		依据企业有关文明生产管理规定执行,每违反一次扣10分		
	安全生产		依据企业有关安全生产管理规定执行,每违反一次扣10分		

职业技能鉴定技能考核制件(内容)分析

职业名称	数控冲床操作工
考核等级	中级工
试题名称	补板冲孔加工
职业标准依据	中国北车数控冲床操作工职业标准

试题中鉴定项目及鉴定要素的分析与确定

分析事项 \ 鉴定项目分类	基本技能“D”	专业技能“E”	相关技能“F”	合计	数量与占比说明
鉴定项目总数	2	2	3	7	
选取的鉴定项目数量	1	2	2	5	核心职业活动鉴定项目选取满足不低于2/3的原则,选取的鉴定要素数量占比满足60%的原则
选取的鉴定项目数量占比(%)	50	100	66	71	
对应选取鉴定项目所包含的鉴定要素总数	4	11	9	24	
选取的鉴定要素数量	4	7	7	18	
选取的鉴定要素数量占比(%)	100	63	77	75	

所选取鉴定项目及相应鉴定要素分解与说明

鉴定项目类别	鉴定项目名称	国家职业标准规定比重(%)	《框架》中鉴定要素名称	本命题中具体鉴定要素分解	配分	评分标准	考核难点说明
“D”	加工准备	20	能够读懂冲压件产品图	读懂产品图纸	5	知道本工序加工任务,每漏一项扣2分	
			能正确理解工艺技术要求	读懂工艺要求	5	知道需要达到的标准,每漏一项扣2分	
			能够正确选择工具、量具	正确选择工具、量具	5	根据制件精度选取合适量具,量具选取不合理不得分	
			能够正确选择夹具、模具	正确选择夹具、模具	5	每种模具选择不合理扣2分,选择错误不得分	
“E”	数控编程	10	能够创建并命名数控程序	能够创建程序	2	不能正确创建程序不得分	
				按制件图号重命名程序	1	不会重命名不得分	
			能够编制一般复杂制件数控程序	按图纸正确编制数控程序	6	每漏编或错误一项扣2分	难点
			能够删除数控程序	正确删除数控程序	1	操作错误不得分	
	工件加工	50	正确对坯料尺寸进行检查	坯料尺寸检查	3	不做检查不得分	
				给出检查结论	3	判断错误不得分	
			能够正确安装及调整模具	模具安装正确	5	安装错误每处扣2分	

续上表

鉴定项目类别	鉴定项目名称	国家职业标准规定比重(%)	《框架》中鉴定要素名称	本命题中具体鉴定要素分解	配分	评分标准	考核难点说明
"E"	工件加工	50	能够正确安装及调整模具	模具调整正确	10	不做调整不得分，每调整错误一处扣3分	难点
			能够根据实际需要设置加工参数	设置合理加工速度	5	加工速度不合理不得分	
				补偿参数的合理设置	10	参数设置不合理每处扣3分	难点
			能够完成一般复杂制件的加工	坯料正确定位及夹紧	3	定位或夹紧不正确每项扣3分	
				加工过程监控	3	如考试中出现异常未做处理不得分	
				卸下完成制件并合理存放	3	正确卸下制件得2分，制件存放不合理扣3分	
				制件成型质量控制	5	制件成型质量每超差一处扣2分	
"F"	精度检验及误差分析	10	能够正确使用量具	正确使用量具	2	量具使用错误不得分	
				利用量具读取正确尺寸	2	读数每错一处扣1分	
			能够判断产品实际尺寸是否满足技术要求	判断制件是否合格	2	给出正确结论加2分	
			能够根据分析出常见的误差及缺陷产生的原因	常见的缺陷种类	2	每掌握1种加1分	
				掌握常见误差或缺陷产生的原因	2	每掌握1种加1分	
	设备的维护与保养	10	设备操作规程	设备使用前应做什么	1	说出3条以上得分	
				设备使用中应注意什么	1	说出3条以上得分	
				设备使用后应注意什么	1	说出3条以上得分	
			设备日常点检	点检卡正确填写	2	书写不规范扣1分，填写错误不得分	
			设备润滑	正确润滑	2	正确指出加油点位置，少指一处扣1分	
			识别报警排除简单故障	常见报警指令及解决措施	3	每说出1种报警指令及解决措施得1分	

续上表

鉴定项目类别	鉴定项目名称	国家职业标准规定比重(%)	《框架》中鉴定要素名称	本命题中具体鉴定要素分解	配分	评分标准	考核难点说明
质量、安全、工艺纪律、文明生产等综合考核项目				考核时限	不限	每超时5分钟，扣10分	
				工艺纪律	不限	依据企业有关工艺纪律规定执行，每违反一次扣10分	
				劳动保护	不限	依据企业有关劳动保护管理规定执行，每违反一次扣10分	
				文明生产	不限	依据企业有关文明生产管理规定执行，每违反一次扣10分	
				安全生产	不限	依据企业有关安全生产管理规定执行，每违反一次扣10分	

数控冲床操作工(高级工)技能操作考核框架

一、框架说明

1. 依据《国家职业标准》[注]，以及中国北车确定的“岗位个性服从于职业共性”的原则，提出数控冲床操作工(高级工)技能操作考核框架(以下简称:技能考核框架)。

2. 本职业等级技能操作考核评分采用百分制。即:满分为 100 分，60 分为及格，低于 60 分为不及格。

3. 实施“技能考核框架”时，考核制件(活动)命题可以选用本企业的加工件(活动项目)，也可以结合实际另外组织命题。

4. 实施“技能考核框架”时，考核的时间和场地条件等应依据《国家职业标准》，并结合企业实际确定。

5. 实施“技能考核框架”时，其“职业功能”的分类按以下要求确定:

(1)“数控程序编制”、“工件加工”属于本职业等级技能操作的核心职业活动，其“项目代码”为“E”。

(2)“工艺准备”和“精度检验及误差分析”、“模具设备的维护保养”属于本职业等级技能操作的辅助性活动，其“项目代码”分别为“D”和“F”。

6. 实施“技能考核框架”时，其“鉴定项目”和“选考数量”按以下要求确定:

(1)按照《国家职业标准》有关技能操作鉴定比重的要求，本职业等级技能操作考核制件的“鉴定项目”应按“D”+“E”+“F”组合，其考核配分比例相应为:“D”占 20 分，“E”占 60 分(其中:数控编程 10 分，工件加工 50 分)，“F”占 20 分(其中:精度检验及误差分析 10 分，模具设备的维护保养 10 分)。

(2)依据中国北车确定的“核心职业活动选取 2/3，并向上取整”的规定，在“E”类鉴定项目——“数控程序编制”、“冲裁件加工”“折弯件加工”及“拉弯件加工”的全部 4 项中，至少选取 3 项(由于本职业的特殊性，数控程序编制必选，冲裁件加工、折弯件加工、拉弯件加工 3 项任选 1 项，即选取了 2 项)。

(3)依据中国北车确定的“其余‘鉴定项目’的数量可以任选”的规定，“D”和“F”类鉴定项目——“工艺准备”、“精度检验及误差分析”、“模具与设备的维护保养”中，至少分别选取 1 项。

(4)依据中国北车确定的“确定‘选考数量’时，所涉及‘鉴定要素’的数量占比，应不低于对应‘鉴定项目’范围内‘鉴定要素’总数的 60%，并向上取整”的规定，考核制件(活动)的鉴定要素“选考数量”应按以下要求确定:

①在“D”类“鉴定项目”中，在已选定的 1 个或全部鉴定项目中，至少选取已选鉴定项目所对应的全部鉴定要素的 60%项，并向上保留整数。

②在“E”类“鉴定项目”中，在已选的 2 个鉴定项目所包含的全部鉴定要素中，至少选取总数的 60%项，并向上保留整数。

③在“F”类“鉴定项目”中,对应“精度检验及误差分析”、“模具的维护与保养”、“设备的维护与保养”,在已选定的鉴定项目中,至少选取已选鉴定项目所对应的全部鉴定要素的 60%项,并向上保留整数。

举例分析:

按照上述“第 6 条”要求,若命题时按最少数量选取。即:在“D”类鉴定项目中选取了“设备基本操作”1 项,在“E”类鉴定项目中选取了“数控编程”、“折弯件加工”2 项,在“F”类鉴定项目中分别选取了“精度检验及误差分析”和“模具的维护与保养”2 项。则:此考核制件所涉及的“鉴定项目”总数为 5 项,具体包括:“设备基本操作”,“数控编程”,“折弯件加工”,“精度检验及误差分析”,“模具的维护与保养”。

此考核制件所涉及的鉴定要素“选考数量”相应为 15 项,具体包括:“设备基本操作”鉴定项目包含的全部 4 个鉴定要素中的 3 项,“数控编程”、“折弯件加工”2 个鉴定项目包括的全部 11 个鉴定要素中的 7 项,“精度检验与误差分析”鉴定项目包含的全部 4 个鉴定要素中的 3 项,“模具的维护与保养”鉴定项目包含的全部 3 个鉴定要素中的 2 项。

7. 本职业等级技能操作需要两人及以上共同作业的,可由鉴定组织机构根据“必要、辅助”的原则,结合实际情况确定协助人员的数量。在整个操作过程中,协助人员只能起必要、简单的辅助作用。否则,每违反一次,至少扣减应考者的技能考核总成绩 10 分,直至取消其考试资格。

8. 实施“技能考核框架”时,应同时对应考者在质量、安全、工艺纪律、文明生产等方面行为进行考核。对于在技能操作考核过程中出现的违章作业现象,每违反一项(次)至少扣减技能考核总成绩 10 分,直至取消其考试资格。

注:按照中国北车规定,各《职业技能操作考核框架》的编制依据现行的《国家职业标准》或现行的《行业职业标准》或现行的《中国北车职业标准》的顺序执行。

二、数控冲床操作工(高级工)技能操作鉴定要素细目表

职业功能	鉴定项目				鉴定要素		
	项目代码	名　称	鉴定比重(%)	选考方式	要素代码	名　称	重要程度
工艺准备	D	设备基本操作	20	任选	001	对设备进行安全检查	Y
					002	开机启动/关闭操作系统	Y
					003	机床走零点,定位精度检验	Y
					004	试运行,控制系统检验	X
		加工准备			001	能够读懂冲压件产品图	X
					002	能正确理解工艺技术要求	X
					003	能够正确选择工具、量具	Y
					004	能够正确选择夹具、模具	X
数控程序编制	E	数控编程	10	必选	001	能够创建并命名数控程序	X
					002	能够确定合理的加工顺序	X
					003	能够编制较复杂①制件数控程序	X
					004	能够修改数控程序	X
					005	能够删除数控程序	Z

续上表

职业功能	项目代码	鉴定项目名称	鉴定比重（%）	选考方式	要素代码	鉴定要素名称	重要程度
工件加工	E	冲裁件加工	50	结合实际情况任选1项	001	正确对坯料尺寸进行检查	Y
					002	正确安装调整模具	Y
					003	能够根据实际需要设置加工参数	Z
					004	能够对程序进行校验	Y
					005	阵列及蚕食加工	X
					006	能够完成较复杂①制件的加工	X
		折弯件加工			001	正确对坯料尺寸进行检查	Y
					002	能够正确安装及调整模具	Y
					003	能够对程序进行校验	Y
					004	能够根据实际需要设置加工参数	Y
					005	根据实际需要调整加工参数	X
					006	能够完成较复杂①制件的加工	X
		拉弯件加工			001	正确对坯料尺寸进行检查	Y
					002	能够正确安装及调整模具	Y
					003	常用材料识别和性能认知	Y
					004	能够根据实际需要设置加工参数	X
					005	会用工具对制件进行调修	X
					006	能够完成较复杂制件的拉弯试加工	Y
精度检验及误差分析	F	精度检验及误差分析	10	必选	001	能够正确的使用量具	Y
					002	能够判断产品实际尺寸是否满足技术要求	X
					003	能够分析出常见的误差及缺陷产生的原因	X
					004	能够采取相应措施预防或减少误差及缺陷的产生	Y
模具设备的维护保养		模具的维护与保养	10	任选	001	模具的正确拆卸	Y
					002	模具的合理储运	Y
					003	模具的除尘与防锈	Y
		设备的维护与保养			001	设备操作规程	X
					002	设备日常点检	X
					003	设备润滑	X
					004	根据维护保养手册维护保养设备	X
					005	识别报警、排除简单故障	X
					006	现场5S管理	X

① 制件的复杂程度分为一般复杂、较复杂、复杂情况。一般复杂制件：折弯刀数4刀以内（含4刀）的折弯件；只含1个弧线的拉弯件；只含有单方向或多方向连续孔的平板步冲件。较复杂制件：折弯刀数6刀以内（含6刀）的折弯件；含3个弧线的拉弯件；含单个或多个连续孔，并需要对轮廓进行蚕食加工的平板步冲件。复杂制件：折弯刀数6刀以上的折弯件；含3个以上弧线的拉弯件；含单个或多个连续孔，并需要对轮廓进行蚕食加工的非平板（需要应试者进行展开尺寸计算）步冲件。本备注作为命题人出题的参考，命题人还应结合实际情况合理掌控。

数控冲床操作工(高级工)技能操作考核样题与分析

职业名称：________________

考核等级：________________

存档编号：________________

考核站名称：________________

鉴定责任人：________________

命题责任人：________________

主管负责人：________________

中国北车股份有限公司劳动工资部制

职业技能鉴定技能操作考核制件图示或内容

按图纸要求，完成车顶弯梁的拉弯加工。

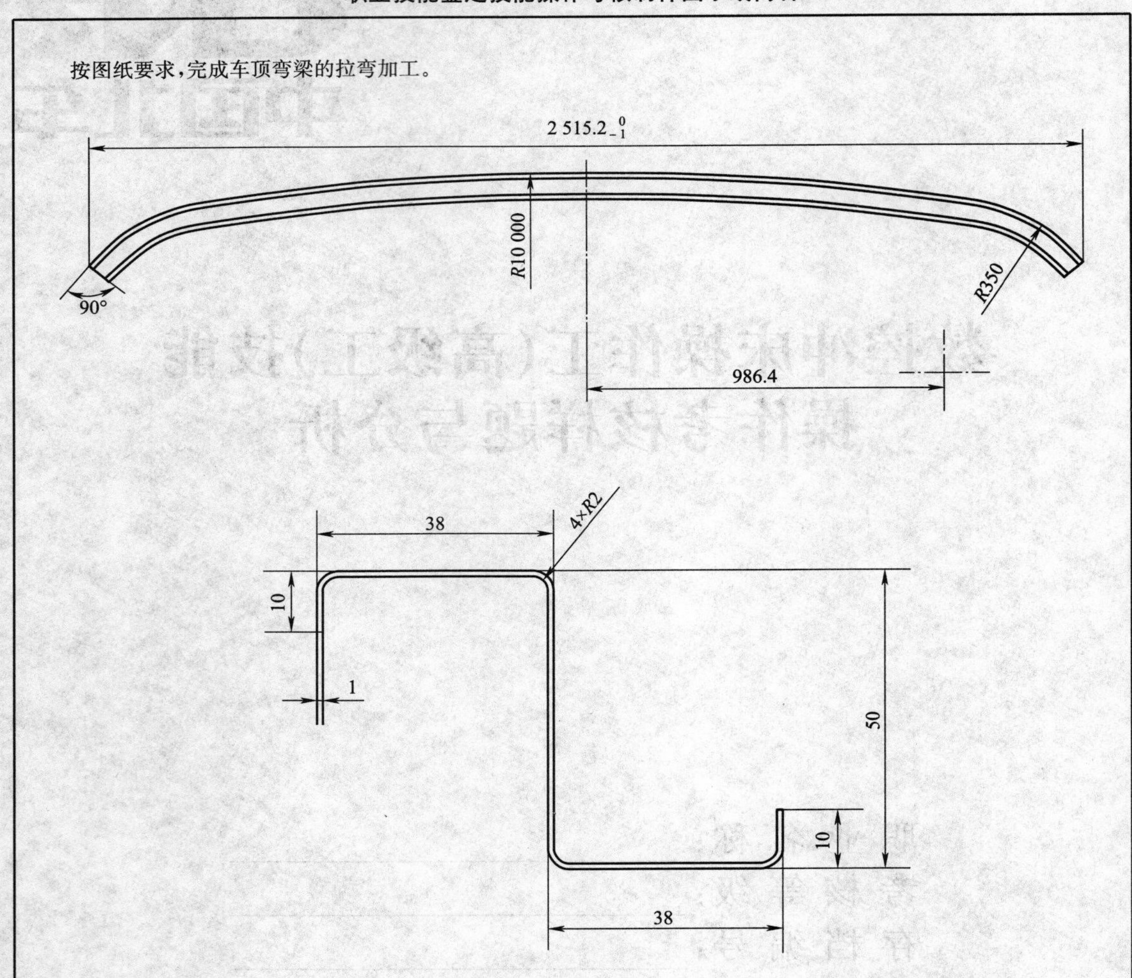

技术要求：

1. 制件拉弯成型后用样板检测外侧轮廓尺寸，要求小弧处与样板间隙≤1.5 mm，大弧处与样板间隙≤1 mm。
2. 50 尺寸达到 50(−1，+2)mm。
3. *R*350 处 50 尺寸面的平面度≤0.5 mm。
4. 38 与 50 尺寸两面垂直度≤1 mm。

职业名称	数控冲床操作工
考核等级	高级工
试题名称	车顶弯梁拉弯加工
材　　质	钢板 1-SUS301L-ST

职业技能鉴定技能操作考核准备单

职业名称	数控冲床操作工
考核等级	高级工
试题名称	车顶弯梁拉弯加工

一、材料准备

1. 材料材质：钢板 1-SUS301L-ST。
2. 坯件尺寸：断面如下图所示折弯件，长度 3 400 mm。

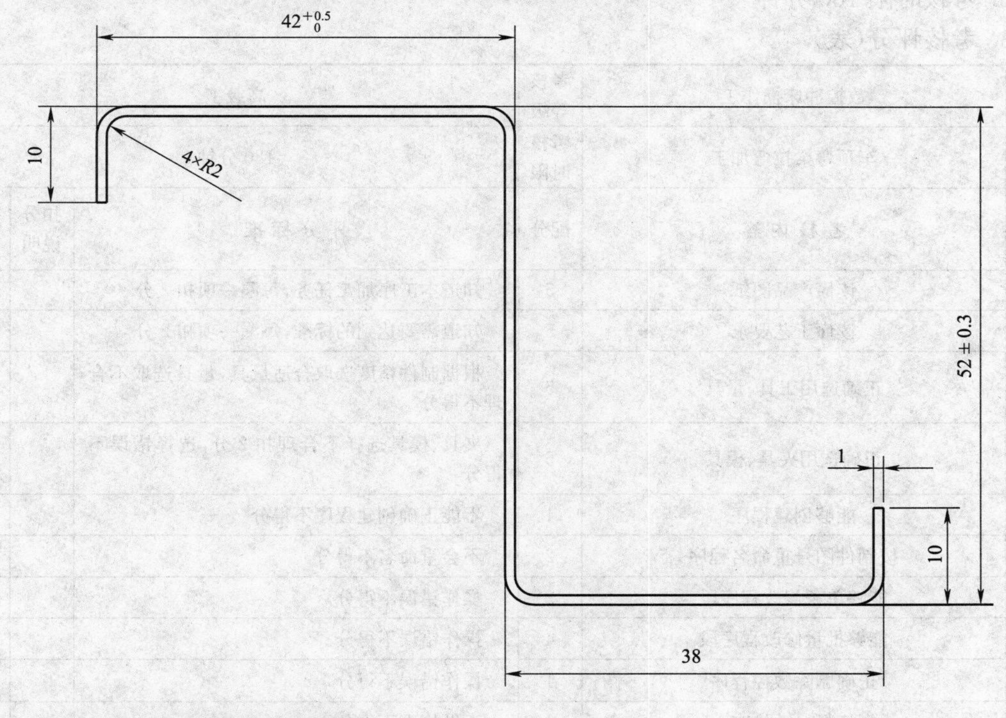

二、设备、工、量、卡具准备清单

序　号	名　称	规　格	数　量	备　注
1	数控拉弯机	V75	1台	
2	卷尺	3.5 m	1把	
3	卡尺	150 mm	1把	
4	直角尺	30×40	1把	
5	样板	外卡	1个	
6	高度尺	300 mm	1把	
7	记号笔	黑色	1支	
8	木锤	大	1把	
9	调修平台	1 500×4 000	1个	

三、考场准备

1. 相应的公用设备、设备与器具的润滑与冷却等
2. 相应的场地及安全防范措施
3. 其他准备

四、考核内容及要求

1. 考核内容(按考核制件图示及要求制作)
2. 考核时限 180 分钟
3. 考核评分(表)

职业名称	数控冲床操作工	考核等级	高级工		
试题名称	车顶弯梁拉弯加工	考核时限	180 分钟		
鉴定项目	考 核 内 容	配分	评 分 标 准	扣分说明	得分
加工准备	读懂产品图纸	5	知道本工序加工任务,每漏一项扣 2 分		
	读懂工艺要求	5	知道需要达到的标准,每漏一项扣 2 分		
	正确选用工具、量具	5	根据制件精度选取合适量具,量具选取不合理不得分		
	正确选用夹具、模具	5	夹具、模具选择不合理扣 2 分,选择错误不得分		
数控编程	能够创建程序	1	不能正确创建程序不得分		
	按制件图号重命名程序	2	不会重命名不得分		
	能够单条修改程序段	2	操作错误不得分		
	能够批量修改程序段	4	操作错误不得分		
	正确删除数控程序	1	操作错误不得分		
工件加工	坯料尺寸检查	4	不做检查不得分		
	给出检查结论	3	判断错误不得分		
	卡头安装正确	6	间隙调整不正确扣 3 分,角度调整不正确扣 3 分		
	模具调整正确	6	不做调整不得分,每一处调整不到位扣 3 分		
	模具紧固到位	3	紧固不到位不得分		
	设置合理加工速度	3	加工速度不合理不得分		
	机床初始位置参数的合理设置	3	参数设置不合理每处扣 3 分		
	坯料正确安装及夹紧	3	定位或夹紧不正确每项扣 3 分		
	加工过程监控	3	能对加工过程中的异常,如考试中出现异常未做处理不得分		
	卸下完成制件并合理存放	4	正确卸下制件得 2 分,制件存放不合理扣 3 分		
	能够利用工具对制件进行修整	6	修整不到位每处扣 2 分		
	制件质量控制	6	制件质量每超差 1 处扣 2 分		

续上表

鉴定项目	考核内容	配分	评分标准	扣分说明	得分
精度检验及误差分析	正确使用量具	2	量具使用错误不得分		
	利用量具读取正确尺寸	2	读数每错一处扣1分		
	判断制件是否合格	2	给出正确结论加2分		
	常见的缺陷种类	2	每掌握1种加1分		
	掌握常见误差或缺陷产生的原因	2	每掌握1种加1分		
模具的维护与保养	保证拆卸过程不会损伤模具	4	方法不当易损伤模具的不得分		
	搬运或吊运合理，防止磕碰	3	方法不当易损伤模具的不得分		
	存放合理，防止变形	3	存放不当易使模具变形的不得分		
综合考核项目	考核时限		每超时5分钟扣10分		
	工艺纪律		依据企业有关工艺纪律规定执行，每违反一次扣10分		
	劳动保护		依据企业有关劳动保护管理规定执行，每违反一次扣10分		
	文明生产		依据企业有关文明生产管理规定执行，每违反一次扣10分		
	安全生产		依据企业有关安全生产管理规定执行，每违反一次扣10分		

职业技能鉴定技能考核制件(内容)分析

职业名称	数控冲床操作工				
考核等级	高级工				
试题名称	车顶弯梁拉弯加工				
职业标准依据	中国北车数控冲床操作工职业标准				
试题中鉴定项目及鉴定要素的分析与确定					
分析事项 \ 鉴定项目分类	基本技能"D"	专业技能"E"	相关技能"F"	合计	数量与占比说明
鉴定项目总数	2	2	3	7	核心职业活动鉴定项目选取满足不低于2/3的原则,选取的鉴定要素数量占比满足60%的原则
选取的鉴定项目数量	1	2	2	5	
选取的鉴定项目数量占比(%)	50	100	66	71	
对应选取鉴定项目所包含的鉴定要素总数	4	11	7	22	
选取的鉴定要素数量	4	7	5	16	
选取的鉴定要素数量占比(%)	100	63	71	68	

所选取鉴定项目及相应鉴定要素分解与说明

鉴定项目类别	鉴定项目名称	国家职业标准规定比重(%)	《框架》中鉴定要素名称	本命题中具体鉴定要素分解	配分	评分标准	考核难点说明
"D"	加工准备	20	能够读懂冲压件产品图	读懂产品图纸	5	知道本工序加工任务,每漏一项扣2分	
			能正确理解工艺技术要求	读懂工艺要求	5	知道需要达到的标准,每漏一项扣2分	
			能够正确选择工具、量具	正确选用工具、量具	5	根据制件精度选取合适量具,量具选取不合理不得分	
			能够正确选择夹具、模具	正确选用夹具、模具	5	夹具、模具选择不合理扣2分,选择错误不得分	
"E"	数控编程	10	能够创建并命名数控程序	能够创建程序	1	不能正确创建程序不得分	
				按制件图号重命名程序	2	不会重命名不得分	
			能够修改数控程序	能够单条修改程序段	2	操作错误不得分	
				能够批量修改程序段	4	操作错误不得分	难点
			能够删除数控程序	正确删除数控程序	1	操作错误不得分	
	工件加工		正确对坯料尺寸进行检查	坯料尺寸检查	4	不做检查不得分	
				给出检查结论	3	判断错误不得分	

续上表

鉴定项目类别	鉴定项目名称	国家职业标准规定比重(%)	《框架》中鉴定要素名称	本命题中具体鉴定要素分解	配分	评分标准	考核难点说明
“E”	工件加工	50	能够正确安装及调整模具	卡头安装正确	6	间隙调整不正确扣3分,角度调整不正确扣3分	难点
				模具调整正确	6	不做调整不得分,每一处调整不到位扣3分	难点
				模具紧固到位	3	紧固不到位不得分	
			能够根据实际需要设置加工参数	设置合理加工速度	3	加工速度不合理不得分	
				机床初始位置参数的合理设置	3	参数设置不合理每处扣3分	
			能够完成一般复杂制件的加工	坯料正确安装及夹紧	3	定位或夹紧不正确每项扣3分	
				加工过程监控	3	能对加工过程中的异常,如考试中出现异常未做处理不得分	
				卸下完成制件并合理存放	4	正确卸下制件得2分,制件存放不合理扣3分	
				能够利用工具对制件进行修整	6	修整不到位每处扣2分	难点
				制件质量控制	6	制件质量每超差1处扣2分	
“F”	精度检验及误差分析	10	能够正确使用量具	正确使用量具	2	量具使用错误不得分	
				利用量具读取正确尺寸	2	读数每错一处扣1分	
			能够判断产品实际尺寸是否满足技术要求	判断制件是否合格	2	给出正确结论加2分	
			能够根据分析出常见的误差及缺陷产生的原因	常见的缺陷种类	2	每掌握1种加1分	
				掌握常见误差或缺陷产生的原因	2	每掌握1种加1分	
	模具的维护与保养	10	模具的正确拆卸	保证拆卸过程不会损伤模具	4	方法不当易损伤模具的不得分	
			模具的合理储运	搬运或吊运合理,防止磕碰	3	方法不当易损伤模具的不得分	
				存放合理,防止变形	3	存放不当易使模具变形的不得分	

续上表

鉴定项目类别	鉴定项目名称	国家职业标准规定比重(%)	《框架》中鉴定要素名称	本命题中具体鉴定要素分解	配分	评分标准	考核难点说明
质量、安全、工艺纪律、文明生产等综合考核项目				考核时限	不限	每超时5分钟扣10分	
				工艺纪律	不限	依据企业有关工艺纪律规定执行,每违反一次扣10分	
				劳动保护	不限	依据企业有关劳动保护管理规定执行,每违反一次扣10分	
				文明生产	不限	依据企业有关文明生产管理规定执行,每违反一次扣10分	
				安全生产	不限	依据企业有关安全生产管理规定执行,每违反一次扣10分	